艺术设计
ARTDESIGN

国家示范性高等职业院校艺术设计专业精品教材

高职高专艺术学门类『十三五』规划教材

室内设计实例教程

SHINEI SHEJI SHILI JIAOCHENG

主编　成琨　侯婷

副主编　刘建伟　李迎丹

参编　高莹

华中科技大学出版社
http://www.hustp.com
中国·武汉

内 容 简 介

　　本书包括四个项目：室内设计基础（包括室内设计概论、室内设计的风格和流派、室内设计内容、室内空间的组织、室内照明设计、室内色彩设计、室内陈设设计）、住宅室内空间设计（包括住宅的空间组成和设计原则、门厅和起居室空间设计、卧室空间设计、餐厅空间设计、书房空间设计、厨房设计、卫生间设计）、居住空间室内设计课程教学实践（包括住宅空间设计制图、居住空间室内设计课程的创新教学方法）和住宅空间室内项目案例分析（包括天津滨海新区润泽园别墅设计、天津格兰苑住宅设计、天津滨海新区远洋花园公寓设计、天津津南区博雅花园住宅空间设计、天津某住宅空间设计）。

　　本书既有理论讲解，又有实例分析，注重锻炼学生的思维，强调设计创意与动手能力的结合。

　　本书既可作为高等院校艺术设计专业及相关专业教材，也可作为高职高专院校及各类培训机构相关专业的教学用书。

图书在版编目（CIP）数据

室内设计实例教程 / 成琨，侯婷主编.— 武汉：华中科技大学出版社，2018.1
高职高专艺术学门类"十三五"规划教材
ISBN 978-7-5680-3746-4

Ⅰ.①室…　Ⅱ.①成…　②侯…　Ⅲ.①室内装饰设计 – 高等职业教育—教材　Ⅳ.①TU238.2

中国版本图书馆 CIP 数据核字(2018)第 014294 号

室内设计实例教程　　　　　　　　　　　　　　　　　　　　　成 琨 侯 婷 主编
Shinei Sheji Shili Jiaocheng

策划编辑：彭中军
责任编辑：柯丁梦
封面设计：孢　子
责任监印：朱　玢
出版发行：华中科技大学出版社（中国·武汉）　　　电话：(027) 81321913
　　　　　武汉市东湖新技术开发区华工科技园　　　邮编：430223
录　　排：武汉正风天下文化发展有限公司
印　　刷：武汉科源印刷设计有限公司
开　　本：880 mm×1230 mm　1/16
印　　张：7
字　　数：215 千字
版　　次：2018 年 1 月第 1 版第 1 次印刷
定　　价：49.00 元

国家示范性高等职业院校艺术设计专业精品教材
高职高专艺术学门类"十三五"规划教材
基于高职高专艺术设计传媒大类课程教学与教材开发的研究成果实践教材

编审委员会名单

国家示范性高等职业院校艺术设计专业精品教材

高职高专艺术学门类"十三五"规划教材

基于高职高专艺术设计传媒大类课程教学与教材开发的研究成果实践教材

组编院校(排名不分先后)

广州番禺职业技术学院	湖南大众传媒职业技术学院	天津轻工职业技术学院
深圳职业技术学院	黄冈职业技术学院	重庆城市管理职业学院
天津职业大学	无锡商业职业技术学院	顺德职业技术学院
广西机电职业技术学院	南宁职业技术学院	武汉职业技术学院
常州轻工职业技术学院	广西建设职业技术学院	黑龙江建筑职业技术学院
邢台职业技术学院	江汉艺术职业学院	乌鲁木齐职业大学
长江职业学院	淄博职业学院	黑龙江省艺术设计协会
上海工艺美术职业学院	温州职业技术学院	冀中职业学院
山东科技职业学院	邯郸职业技术学院	湖南中医药大学
随州职业技术学院	湖南女子学院	广西大学农学院
大连艺术职业学院	广东文艺职业学院	山东理工大学
潍坊职业学院	宁波职业技术学院	湖北工业大学
广州城市职业学院	潮汕职业技术学院	重庆三峡学院美术学院
武汉商学院	四川建筑职业技术学院	湖北经济学院
甘肃林业职业技术学院	海口经济学院	内蒙古农业大学
湖南科技职业学院	威海职业学院	重庆工商大学设计艺术学院
鄂州职业大学	襄阳职业技术学院	石家庄学院
武汉交通职业学院	武汉工业职业技术学院	河北科技大学理工学院
石家庄东方美术职业学院	南通纺织职业技术学院	江南大学
漳州职业技术学院	四川国际标榜职业学院	北京科技大学
广东岭南职业技术学院	陕西服装艺术职业学院	湖北文理学院
石家庄科技工程职业学院	湖北生态工程职业技术学院	南阳理工学院
湖北生物科技职业学院	重庆工商职业学院	广西职业技术学院
重庆航天职业技术学院	重庆工贸职业技术学院	三峡电力职业学院
江苏信息职业技术学院	宁夏职业技术学院	唐山学院
湖南工业职业技术学院	无锡工艺职业技术学院	苏州经贸职业技术学院
无锡南洋职业技术学院	云南经济管理职业学院	唐山工业职业技术学院
武汉软件工程职业学院	内蒙古商贸职业学院	广东纺织职业技术学院
湖南民族职业学院	湖北工业职业技术学院	昆明冶金高等专科学校
湖南环境生物职业技术学院	青岛职业技术学院	江西财经大学
长春职业技术学院	湖北交通职业技术学院	天津财经大学珠江学院
石家庄职业技术学院	绵阳职业技术学院	广东科技贸易职业学院
河北工业职业技术学院	湖北职业技术学院	武汉科技大学城市学院
广东建设职业技术学院	浙江同济科技职业学院	广东轻工职业技术学院
辽宁经济职业技术学院	沈阳市于洪区职业教育中心	辽宁装备制造职业技术学院
武昌理工学院	安徽现代信息工程职业学院	湖北城市建设职业技术学院
武汉城市职业学院	武汉民政职业学院	黑龙江林业职业技术学院
武汉船舶职业技术学院	湖北轻工职业技术学院	四川天一学院
四川长江职业学院	成都理工大学广播影视学院	

序言 XUYAN

SHINEI SHEJI SHILI JIAOCHENG

  室内设计是科学与艺术相结合的学科，室内设计师自身的修养与其设计的作品质量密切相关，真正的设计应该是原创，所有的原创作品都应建立在了解室内设计历史的基础上。从古到今空间便是容纳生活的，我们的生活丰富多彩，尽管每个人在居住空间中度过的时间有所不同，但古语讲的"家和万事兴"，这个"家"从空间上理解，指的就是"居住空间"。

  室内设计是环境艺术设计专业的核心课程，其重要性不言而喻。本书是在大量实际教学经验的基础上经过编者的教学改革和实践探索编写而成的，它详细地介绍了居住空间设计原理、不同功能的居住空间设计和实践案例，并配有翔实的平面图和实例效果图，简洁明了，实用性强。本书按照"教、学、做"一体化的课堂教学模式授课，注重以任务引导型案例或项目作业来激发学生兴趣，使学生在案例分析或完成项目的过程中掌握操作方法。

  本书的编者都是多年在教学一线任教的优秀教师，长期从事室内设计的研究，他们以严谨的教学态度将大量的实践经验编撰汇集成本书。本书既可作为高等院校环境设计专业师生的参考书，也可作为室内设计、装饰装潢等工程人员的实用技术参考书。希望本书能给读者更多专业上的启示，也希望专家、学者能够多多赐教，以便使本书更加完善。

南开大学文学院艺术设计系教授

2018 年 1 月

目录 MULU

SHINEI SHEJI SHILI JIAOCHENG

项目一
室内设计基础

S HINEI
S SHEJI
S HILI J IAOCHENG

室内设计概论 ◀◀◀

▌教学目标▌

(1) 了解室内设计的发展过程。

(2) 了解室内设计的目的和任务。

▌教学重点▌

(1) 掌握并理解室内设计的定义。

(2) 理解室内装修、装潢与室内设计的区别。

　　人的一生，绝大部分时间是在室内度过的。因此，人们设计创造的室内环境，必然会直接关系到室内生活、生产活动的质量，关系到人们的安全、健康、效率、舒适等。室内环境的创造，应该把保障安全和有利于人们的身心健康作为室内设计的首要前提。人们对于室内环境除了有使用安排、冷热光照等物质功能方面的要求之外，还有与建筑物的类型、性格相适应的室内环境氛围、风格文脉等精神功能方面的要求。

　　人们长时间地生活在室内，因此现代室内设计或称室内环境设计是环境设计系列中和人们关系最为密切的环节。从宏观来看，室内设计往往能从一个侧面反映相应时期社会物质和精神生活的特征。随着社会的发展，历代的室内设计总是具有时代的印记，犹如一部无字的文书。这是因为室内设计从设计构思、施工工艺、装饰材料到内部设施，必然和社会当时的物质生产水平、社会文化和精神生活状况联系在一起，与室内空间组织、平面布局和装饰处理等方面联系在一起，从总体上看，还和当时的哲学思想、美学观点、社会经济、民俗民风等密切相关。从微观的、个别的作品来看，室内设计水平的高低、质量的优劣又与设计者的专业素质和文化艺术素养等联系在一起。

知识点1　室内设计定义　　　　　　　　　　　ONE

　　室内设计是从建筑设计领域中分离出来的一门学科，与建筑设计有千丝万缕的联系。相对建筑设计而言，室内设计产生的时间并不长。19世纪末，美国的埃尔西·德·沃尔夫等人首开先河，使室内设计工作成为一门独立的领域和职业。室内装饰业在20世纪30年代开始成为一个正式的、独立的专业类别。20世纪50年代，作为一门技术，室内设计已经开始和仅限于艺术范畴的室内装饰有所区别，"室内设计师"称号被普遍接受。室内设计这一行业也在20世纪60年代，逐渐脱离建筑设计而成为一个相对独立的专门体系。

　　《中国大百科全书　建筑·园林·城市规划卷》把"室内设计"定义为满足使用和审美要求的学科。室内设计的主要内容包括：建筑平面设计和空间组织，围护结构内表面（墙面、地面、顶棚、门窗等）的处理，自然光和照明的运用，以及室内家具、灯具、陈设的选择和布置，还有植物、摆设和用具配合。

　　现代室内设计的一般定义是根据建筑物的使用性质及所处环境，运用物质技术手段和建筑美学原理，创造功能合理、舒适优美、满足人们物质和精神生活需要的室内环境。这一空间环境既具有使用价值，满足相应的功能要求，同时也反映了历史文脉、建筑风格、环境气氛等精神因素。

上述含义明确地把创造"满足人们物质和精神生活需要的室内环境"作为基本要求，一切围绕人的生产、生活来创造美好的室内环境。同时，室内设计中，从整体上把握设计对象的依据因素则是：

环境——"建筑内部"进行的设计；

使用性质——为什么功能设计建筑物和室内空间；

所在场所——建筑物和室内空间的周围环境状况；

物质技术手段——经济投入，相应工程项目的总投资和单方造价标准的控制。

设计构思时，需要运用物质技术手段，即各类装饰材料和设施设备等，这是容易理解的；还需要遵循建筑美学原理，这是因为室内设计的艺术性，除了有与绘画、雕塑等艺术之间共同的美学法则（如对称、均衡、比例、节奏等）之外，作为建筑美学，更需要综合考虑使用功能、结构施工、材料设备、造价标准等多种因素，还与一些新兴学科，如人体工程学、环境心理学、环境物理学、色彩学等关系极为密切。

室内设计是为满足人们生产、生活的需求而有意识地营造理想化、舒适化的内部空间，同时，室内设计是建筑设计的有机组成部分，是建筑设计的深化和再创造。室内设计以其空间性为主要特征，不同于建筑和一般造型设计，它以实体构成为主要目的。室内设计包括如下内容：

（1）营造室内环境的空间。"营造"，这里主要是指如何满足人们的精神功能需求。其目的是使人在室内工作、生活、休息时感到心情愉快、舒畅。

（2）组织合理的室内使用功能。组织合理的室内使用功能，就是根据人们对建筑使用功能的要求，尽可能使布局合理，室内动静空间流线通畅，结构层次分明。

（3）构架舒适的室内空间环境。空间环境的处理从生理上就应适应人的各种要求，使之在此工作和休息时感到满意，涉及适当的温度、良好的通风、怡人的绿化、适度的采光等。

（4）室内空间的设计就是一种设计行为，能够时时意识到空间与人的关联，且不忘考虑整体。应以人的行为作为前提考虑室内布置：如果是住宅，就会产生生活行为；如果是商业空间，就会产生饮食和销售等行为。

（5）无论哪种空间，空间中有人的介入才算是完成了室内设计。室内设计并不只是对空间的设计，还要对行为和场景进行设计。

室内设计的定义明确地把创造"满足人们物质和精神生活需要的室内环境"作为室内设计的目的，即以人为本，一切围绕人的生产、生活来创造美好的室内环境。从为人服务这一"功能的基石"出发，需要设计者细致入微、设身处地地为人们创造美好的室内环境。针对不同的人，不同的使用对象，相应地考虑其不同的要求。

例如：幼儿园室内的窗台，应考虑到适应幼儿的尺度，窗台高度常由通常的900~1000 cm降至450~550 cm，楼梯踏步的高度在12 cm左右，并设置适应儿童和成人尺度的两挡扶手；一些公共建筑顾及残疾人的通行和活动，在室内外高差、垂直交通、厕所等许多方面应做无障碍设计。（见图1-1）

对室内设计含义的理解，以及它与建筑设计的关系，从不同的视角、不同的侧重点来分析，许多学者具有深刻的、值得我们仔细思考和借鉴的观点。例如：

室内设计是建筑设计的继续和深化，是室内空间和环境的再创造。

室内设计是建筑的灵魂，是人与环境的联系，是人类艺术与物质文明的结合。

我国前辈建筑师戴念慈先生认为：

建筑设计的出发点和着眼点是内涵的建筑空间，把空间效果作为建筑艺术追求的目标，而界面、门窗是构成空间必要的从属部分。从属部分是构成空间的物质基础，并对内涵空间使用的观感起决定性作用。然而毕竟是从属部分，至于外形只是构成内涵空间的必然结果。

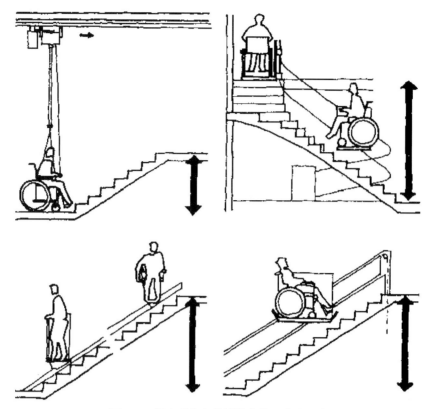

图1-1 解决垂直高差楼梯中的无障碍设计

知识点2 室内设计的目的和任务 **TWO**

(1) 提高室内造型的艺术性，满足人们的审美需要。

室内设计要满足人们两个方面的需求：最低需求和最高需求。所谓最低需求，就是要保证人们在室内生存的基本居住条件和物质生活条件，这是设计的前提，包括交通、起居、防冷、防热、保温、睡眠、用餐、休息、学习、工作等。所谓最高需求，就是指提高室内环境的精神品位，让人们产生舒适感。一个成功的室内环境设计应使人心旷神怡，产生愉悦的感情心理，在设计过程中用有限的物质条件创造出无限的精神价值来。

同时应明确，设计必须运用心理学的分析方法，根据不同对象及不同条件，采取适应功能及艺术上的不同要求。归根结底，设计必须解决以下几个问题：

① 日常生活所需。这主要体现为使用的基本功能需要，如交通、起居、防火、防热、防冷、保温、储藏、睡眠、用餐、休息、学习、工作等。

② 生活需求。这主要体现在视觉、听觉、触觉等方面。这些综合的感觉得到满足，人们在室内环境中就会产生舒适感。

③ 心理需求。心理需求是指使用者的情绪要求，成功的设计应让室内环境的使用者心旷神怡，产生愉快的感情心理。

(2) 延长建筑的使用寿命，弥补建筑空间的缺陷和不足，加强建筑的空间序列效果。

室内设计是建筑设计的有机组成部分。二者的关系为：建筑设计是室内设计的根据与基础，室内设计是建筑设计的继续和深化。室内设计与建筑有着相依相存的关系，所以有人认为室内设计是"建筑的建筑"或"二次设计"，也可以说，室内设计要依赖建筑给予的空间来创意。它们之间互相依存但又有各自的特点：建筑是向外扩张空间、占领空间的，室内设计是在建筑约束的空间内进行分割的；建筑为室内设计创造条件，而优秀的室内设计也可以更加完善和丰富建筑设计概念。

现代的设计工程越来越要求建筑师将设计一气呵成，一做到底；同时也需要室内设计师在建筑设计初始就同建筑师合作，共同探讨建筑和室内设计方案。未来的设计，需要复合型的设计人才，这已有迫在眉睫之势。

单元二

室内设计的风格和流派 ◀◀◀

教学目标

（1）了解室内设计的多种风格形式。

（2）了解室内设计的不同流派。

教学重点

掌握不同流派的设计特征。

风格（style）即风度品格，体现创作中的艺术特色和个性；流派是指学术、文艺方面的派别。

室内设计的风格和流派，属室内环境中的艺术造型和精神功能范畴。室内设计的风格和流派往往是和建筑以至家具的风格和流派紧密结合的；有时也以相应时期的绘画、造型艺术，甚至文学、音乐等的风格和流派为其渊源并相互影响。例如，建筑和室内设计中的"后现代主义"一词及其含义，最早用于西班牙的文学著作中，而"风格派"则是具有鲜明特色荷兰造型艺术的一个流派（详见本章后述有关内容）。可见，建筑艺术除了具有与物质材料、工程技术紧密联系的特征之外，还和文学、音乐、绘画、雕塑等门类艺术相互沟通。

知识点 1　风格的成因和影响　　　　　　　　　　ONE

室内设计风格的形成，是不同的时代思潮和地区特点，通过创作构思和表现，逐渐发展成为具有代表性的室内设计形式。一种典型风格的形成，通常是和当地的人文因素和自然条件密切相关的，又要有创作中的构思和造型的特点。

风格虽然表现于形式，但风格具有艺术、文化、社会发展等深刻的内涵，从这一深层含义来说，风格又不停留或等同于形式。

需要着重指出的是，一种风格或流派一旦形成，它就能积极或消极地影响文化、艺术及诸多的社会因素，并不仅仅局限于一种形式表现和视觉上的感受。

知识点 2　室内设计的风格　　　　　　　　　　　TWO

在体现艺术特色和创作个性的同时，风格跨越的时间要长一些，包含的地域会广一些。室内设计的风格主要可分为传统风格、现代风格、后现代风格、自然风格及混合型风格等。

一、传统风格

传统风格（traditionary style）的室内设计，是在室内布置、线形、色调，以及家具、陈设的造型等方面，吸取传统装饰"形""神"特征的设计。例如，汲取我国传统木构架建筑室内的藻井天棚、挂落、雀替的构成和装饰，以及明清家具的造型和款式特征。又如西方传统风格中仿罗马风、哥特式、文艺复兴式、巴洛克、洛可可、古典主义等，其中如仿欧洲英国维多利亚式或法国路易式的室内装潢和家具款式。此外，还有日本传统风格(和风)、印度传统风格、伊斯兰传统风格、北非城堡风格等。传统风格常给人们以历史延续和地域文脉的感受，它使室内环境突出了民族文化渊源的形象特征。图 1-2 是汲取中国传统建筑"神韵"的北京香山饭店中庭室内，图1-3 为具有伊斯兰传统风格的宾馆客房，图 1-4 为简洁、淡雅的日本传统风格的居室，图 1-5 为具有洛可可风格的室内设计。

图 1-2　中式风格

图 1-3　伊斯兰传统风格

图 1-4　日式风格

图 1-5　洛可可风格

二、现代风格

现代风格（modern style）起源于 1919 年成立的包豪斯（Bauhaus）学派，该学派在当时的历史背景下，强调突破旧传统，创造新建筑，重视功能和空间组织，注意发挥结构构成本身的形式美，造型简洁，反对多余装饰，崇尚合理的构成工艺，尊重材料的性能，讲究材料自身的质地和色彩的配置效果，发展了非传统的以功能布局为依据的不对称的构图手法。包豪斯学派重视实际的工艺制作操作，强调设计与工业生产的联系。（见图 1-6）

图 1-6　现代风格

包豪斯学派的创始人瓦尔特·格罗皮乌斯（Walter Gropius）对现代建筑的观点是非常鲜明的，他认为"美的观念随着思想和技术的进步而改变"，"建筑没有终极，只有不断的变革"，"在建筑表现中不能抹杀现代建筑技术，建筑表现要应用前所未有的形象"。当时杰出的代表人物还有勒·柯布西耶（Le Corbusier）和密斯·凡德罗（Mies van der Rohe）等。

三、后现代风格

"后现代主义"一词最早出现在西班牙作家德·奥尼斯（Federico De Onis）1934 年的《西班牙与西班牙语类诗选》一书中，用来描述现代主义内部发生的逆动，特别有一种对现代主义纯理性的逆反心理，即为后现代风格（postmodern style）。20 世纪 50 年代美国在所谓现代主义衰落的情况下，逐渐形成后现代主义的文化思潮。受 20 世纪 60 年代兴起的大众艺术的影响，后现代风格是对现代风格中纯理性主义倾向的批判，后现代风格强调建筑及室内装潢应具有历史的延续性，但又不拘泥于传统的逻辑思维方式，探索创新造型手法，讲究人情味，常在室内设置夸张、变形的柱式和断裂的拱券，或把古典构件的抽象形式以新的手法组合在一起，即采用非传统的混合、叠加、错位、裂变等手法和象征、隐喻等手段，以期创造一种融感性与理性、集传统与现代、揉大众与行家于一体的"亦此亦彼"的建筑形象与室内环境。后现代风格的代表人物有 P.约翰逊（P. Johnson）、R.文丘里（R. Venturi）、M.格雷夫斯（M. Graves）等。（见图 1-7）

四、自然风格

自然风格（natural style）倡导"回归自然"，美学上推崇"自然美"，认为只有崇尚自然、结合自然，才能在当今高科技、高节奏的社会生活中，

图 1-7　后现代风格

使人们取得生理和心理的平衡。因此，室内多用木料、织物、石材等天然材料，显示材料的纹理，清新淡雅。此外，由于田园风格与自然风格的宗旨和手法类同，故可把田园风格归入自然风格一类。田园风格在室内环境中力求表现悠闲、舒畅、自然的田园生活情趣，也常运用天然木、石、藤、竹等材质质朴的纹理，巧于设置室内绿化，创造自然、简朴、高雅的氛围。（见图 1-8 和图 1-9）

五、混合型风格

近年来，建筑设计和室内设计在总体上呈现多元化、兼容并蓄的特点。室内布置中也有既趋于现代实用，又

图 1-8　自然风格（一）　　　　　　　　　　　　　　图 1-9　自然风格（二）

汲取传统的特征，在装潢与陈设中融古今中西于一体的特点。例如：传统的屏风、摆设和茶几，配以现代风格的墙面及门窗装修、新型的沙发；欧式古典的琉璃灯具和壁面装饰，配以东方传统的家具和埃及的陈设、小品等。混合型风格（complex style）在设计中不拘一格，运用多种体例，匠心独具，深入推敲形体、色彩、材质等方面的总体构图和视觉效果。（见图 1-10 和图 1-11）

图 1-10　混合型风格（一）　　　　　　　　　　　　图 1-11　混合型风格（二）

知识点 3　室内设计的流派　　　　　　　　　　　　THREE

　　流派，这里是指室内设计的艺术派别。现代室内设计从所表现的艺术特点分析，有多种流派，主要有高技派、光亮派、白色派、新洛可可派、风格派、超现实派、装饰艺术派及解构主义派等。

一、高技派

高技派或称重技派，突出当代工业技术成就，并在建筑形体和室内环境设计中加以炫耀，崇尚"机械美"，在室内暴露梁板、网架等结构构件，以及风管、线缆等各种设备和管道，强调工艺技术与时代感。高技派典型的实例为法国巴黎蓬皮杜国家艺术与文化中心（见图 1-12）、香港汇丰银行（见图 1-13）。香港汇丰银行的室内设计是一个纯机械的内部空间，它暴露了所有的内部结构，呈现着自动扶梯内部机械装置的转动。

图 1-12　法国巴黎蓬皮杜国家艺术与文化中心　　　　图 1-13　香港汇丰银行

高技派的设计特征可以归纳为：

（1）内部构造外翻，显示内部构造和管道线路，无论是内立面还是外立面，都把本应隐藏起来的结构构造显露出来，强调工业技术特征。

（2）高技派不仅显示构造组合和节点，而且表现机械运行，如将电梯、自动扶梯的传送装置都做透明的处理，让人们看到机械运行状况和传送装置的程序。

（3）强调透明和半透明的空间效果。高技派的室内设计喜欢采用透明的玻璃、半透明的金属网格等来分隔空间，形成室内层层相叠的空间效果。

（4）高技派不断探索各种新型高质材料和空间结构，着意表现建筑框架、构件的轻巧，常常使用高强度钢材和硬质铝材、塑料及各种化学制品作为建筑的结构材料，建成体量轻，用材量少，能够快速、灵活地装配、拆卸与改建的建筑结构与室内环境。

（5）室内的局部管道常常涂上红、绿、黄、蓝等鲜艳的色彩，以丰富空间效果，增强室内的现代感。

二、光亮派

光亮派也称银色派，其设计创造的室内具有光彩夺目、豪华绚丽、人动景移、交相辉映的效果，因此被称为银色派。（见图 1-14）

光亮派的室内设计特点和设计手法可归纳如下：

（1）在设计时往往在室内大量采用镜面及平曲面玻璃、不锈钢、磨光的花岗石和大理石等作为装饰面材；

图 1-14　光亮派

（2）在室内环境的照明方面，常使用投射、折射等各类新型光源和灯具，在金属和镜面材料的烘托下，形成光彩照人、绚丽夺目的室内环境；

（3）使用色彩鲜艳的地毯和款式新颖、别致的家具及陈设艺术品。

三、白色派

在室内设计中大量运用白色，构成了这种流派的基调，故名白色派。白色派在后现代主义的早期阶段就流行开来，并长期受到人们喜爱，至今仍流行于世。白色派的建筑师们在设计中偏重运用白色。

白色给人纯净、文雅的感觉，又能增加室内亮度，从而使人感到乐观或产生美的联想。白色以外的其他色彩往往会给人们带来特有的感受。白色不会限制人的思路，使用时，可以调和、衬托鲜艳的色彩和装饰。与一些刺激色（如红色）相配时能产生美好的节奏感。因此，近代以来许多室内设计多采用白色调，再配以装饰或纹样，可产生明快的室内效果。

白色派的室内设计特征可以归纳如下：

（1）空间和光线是白色派室内设计的重要因素。

（2）室内装修选材时，墙面和顶棚一般均为白色材质，或者在白色中带有隐隐约约的色彩倾向。在大面积白色材质的情况下，装修的结构部位、边框部位有时采用其他颜色的材质，即大面积白色统一、小面积材质对比、提神的做法来取得更好的效果。

（3）运用白色材料时往往暴露材料的肌理效果，如突出白色云石的自然纹理和片石的自然凹凸，以取得生动效果。使用具有不同织纹的装饰织物、编织材料、不同表面效果的白色喷涂料等，可避免白色平板的单调感。

（4）地面色彩不受白色的限制。往往采用淡雅的自然材质地面覆盖物，也常使用浅色调地毯或灰地毯，还可使用色彩丰富、呈几何图形的装饰地毯来分隔大面积的地板。

（5）采用陈设简洁、精美的现代艺术品或民间艺术品。家具、陈设艺术品、日用品可以使用鲜艳的色彩，形成室内色彩的重点。

在卧室上，白色派改变了多年来床上用品几乎全都是白色的做法。由于卧室四周都是白色的，因此，床上用品就使用非常鲜艳的色彩，或者使用鲜艳的民间装饰纹样的织物、民间艺术品等，使卧室有了色彩的节奏变化和多样性特征。

在室内设计领域白色派极盛时期，欧洲有 1/3 的室内设计都是白色派作品。由于大面积的白色用于住宅，在使用过程中不耐脏，因此，白色派似乎被冷落过一段时间。然而，其活泼明快的色彩特点使得时至今日仍然有很多白色调的喜爱者。白色调不仅仅用于室内设计，在工业产品的设计中也大量使用，例如汽车，据统计，约有60%的汽车是白色的外壳。白色派盛行之后，还出现了白色派与其他派别结合的做法，这样既有白色派纯净的特点，又改善了其不耐脏的缺点，因此得到广泛的采用。（见图1-15和图1-16）

图1-15　白色派空间

图 1-16 道格拉斯别墅

四、新洛可可派

洛可可原为 18 世纪盛行于欧洲宫廷的一种建筑装饰风格，以精细轻巧和繁复的雕饰为特征。新洛可可仰承了洛可可繁复的装饰特点，但装饰造型的"载体"和加工技术却运用现代新型装饰材料和现代工艺手段，从而具有华丽而浪漫、传统中又不失时代气息的装饰特点。（见图 1-17）

五、风格派

风格派起始于 20 世纪 20 年代的荷兰，以画家 P.蒙德里安（P. Mondrian）等为代表的艺术流派，强调"纯造型的表现"，"要在传统及个性崇拜的约束下解放艺术"。风格派认为，"把生活环境抽象化，这对人们的生活就是一种真实"。他们对室内装饰和家具经常采用几何形体以及红、黄、青三原色，间或以黑、灰、

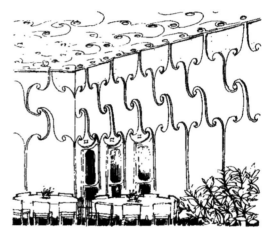

图 1-17 新洛可可餐厅内景

白等色彩相配置。风格派的室内，在色彩及造型方面都具有极为鲜明的特征与个性。建筑与室内常以几何方块为基础，对建筑室内外空间采用内部空间与外部空间穿插统一构成一体的手法，并以屋顶、墙面的凹凸和强烈的色彩对块体进行强调。图 1-18（a）为 V.杜斯堡（V. Doesburg）的住宅形体设计，图 1-18（b）为 V.杜斯堡设计的斯特拉斯堡的咖啡馆式电影厅。

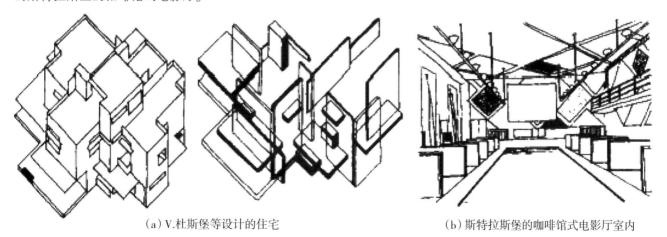

（a）V.杜斯堡等设计的住宅 　　　　　（b）斯特拉斯堡的咖啡馆式电影厅室内

图 1-18 风格派的建筑造型与室内

六、超现实派

超现实派追求所谓超越现实的艺术效果，在室内布置中常采用异常的空间组织，曲面或具有流动弧形的界面，浓重的色彩，变幻莫测的光影，造型奇特的家具与设备，有时还以现代绘画或雕塑来烘托超现实的室内环境气氛。超现实派的室内环境适用于具有视觉形象特殊要求的某些展示或娱乐的室内空间。（见图1-19）

七、装饰艺术派

装饰艺术派（或称艺术装饰派）起源于20世纪20年代法国巴黎召开的一次装饰艺术与现代工业国际博览会，后传至美国等各地，如美国早期兴建的一些摩天楼就采用这一流派的手法。装饰艺术派善于运用多层次的几何线形及图案，重点装饰建筑内外门窗线脚、檐口及建筑腰线、顶角线等部位。上海早年建造的老锦江宾馆及和平饭店等建筑的内外装饰，均采用装饰艺术派的手法。近年来一些宾馆和大型商场的室内，出于既具时代气息又有建筑文化内涵的考虑，常在现代风格的基础上，在建筑细部饰以装饰艺术派的图案和纹样。图1-20所示为上海和平饭店大堂室内，装饰图形富有文化内涵，灯具及铁饰栏板的纹样极为精美，井格式平顶粉刷也具有精细图案。该大堂虽为近期重新装修，但仍保持原有建筑及室内典型的装饰艺术派风格。图1-21所示为上海淮海路新建巴黎春天百货公司的商场内景，从室内多层次的线形图案及装饰特点来看，可将其归入装饰艺术派手法。

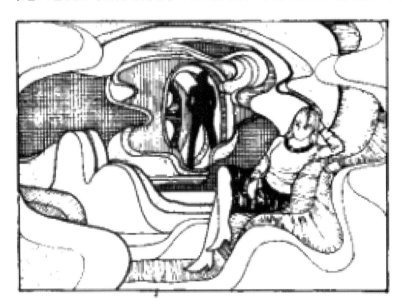

图1-19 超现实派的室内

图1-20 上海南京路和平饭店大堂

当前社会是从工业社会逐渐向后工业社会或信息社会过渡的，人们对自身周围环境的需要除了能满足使用要求、物质功能之外，更注重对环境氛围、文化内涵、艺术质量等精神功能的需求。室内设计不同艺术风格和流派的产生、发展和变换，既是建筑艺术历史文脉的延续和发展，具有深刻的社会发展历史和文化内涵，同时也必将极大地丰富人们的精神生活。

八、解构主义派

解构主义是20世纪60年代，以法国哲学家J.德里达（J. Derrida）为代表所提出的哲学观念，是对20世纪前期欧美盛行的结构主义和理论思想传统的质疑和批判。建筑和室内设计中的解构主义派对传统古典、构图规律等均采取否定的态度，强调不受历史文化和传统理性的约束，是一种貌似结构构成解体、突破传统形式构图、用材粗放的流派。（见图1-22）

解构主义派的设计特征可概括如下：

（1）刻意追求毫无关系的复杂性，无关联的片断与片断的叠加、重组，具有抽象的废墟般的形式和不和谐性。

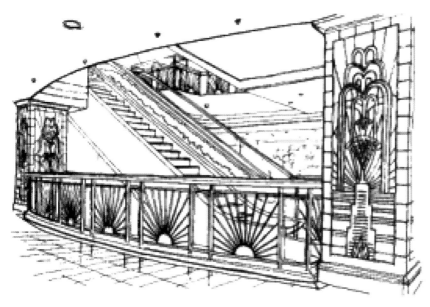

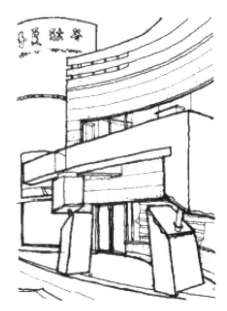

图 1-21　上海淮海路巴黎春天百货公司商场内景　　　　　　图 1-22　具有解构主义手法的餐厅入口

（2）设计语言晦涩，片面强调和突出设计作品的表意功能，因此设计作品与观赏者之间难以沟通。

（3）反对一切既有的设计规划，热衷于肢解理论，打破了以往建筑结构重视力学原理的横平竖直的稳定感、坚固感和秩序感。其建筑、室内设计作品给人以灾难感、危险感和悲剧感，使人获得与建筑的根本功能相违背的感觉。

（4）无中心、无场所、无约束，具有设计者因人而异的随意性。

单元三

室内设计内容 《《《

教学目标

（1）了解并掌握室内设计的内容。

（2）了解室内设计的分类。

教学重点

掌握并理解室内设计的程序。

知识点 1　室内设计的内容、分类和程序　　　　　　　　ONE

一、室内设计的内容

室内环境主要涉及界面空间形状、尺寸，室内的声、光、电和热的物理环境，以及室内的空气环境等室内客观环境因素（见图1–23）。从事室内设计的人员不仅要掌握室内环境的诸多客观因素，更要全面了解和把握室内设计的以下具体内容。

图1-23　室内设计内容

1. 室内空间的形象设计

室内空间的形象设计是指设计的总体规划、室内空间的尺度与比例，以及空间与空间之间的衔接、对比和统一的关系。

2. 室内装饰装修设计

在建筑物室内进行规划和设计的过程中，要针对室内的空间规划，组织并创造出合理的室内使用功能空间，就需要根据人们对建筑使用功能的要求，进行室内平面功能的分析和有效的布置，对地面、墙面、顶棚等各界面线形和装饰设计，进行实体与半实体的建筑结构的设计处理。

3. 室内物理环境设计

在室内空间中，还要充分地考虑室内良好的采光、通风、照明和音质效果等各方面的设计处理，并充分协调室内环控、水电等设备的安装，使其布局合理。

4. 室内陈设艺术设计

室内陈设艺术设计主要强调在室内空间中，进行家具、灯具、装饰品及绿化等方面的规划和处理。其目的是使人们在室内环境中工作、生活、休息时感到心情愉快、舒畅，使室内陈设能够适应并满足人们心理和生理上的各种需求，起到柔化室内人工环境的作用。

简而言之，室内设计就是为了满足人们生活、工作和休息的需要，为了提高室内空间的生理和生活环境的质量，对建筑物内部的实质环境和非实质环境的规划和布置。

二、室内设计的分类

根据使用范围的不同，室内设计可以分为人居环境设计和公共空间设计两大类。根据空间的使用功能，室内设计分为家居室内空间设计、商业室内空间设计、办公室内空间设计、旅游空间设计等。

由于室内空间使用功能的性质和特点不同，各类建筑主要房间的室内设计对文化艺术和工艺过程等方面的要求，也各自有所侧重。例如：对纪念性建筑和宗教建筑等有特殊功能要求的主厅，对纪念性、艺术性、文化内涵等精神功能设计方面的要求就比较突出；而工业、农业等生产性建筑的车间和用房，相对地对生产工艺流程及室内物理环境（如温湿度、光照、设施、设备等）等方面的要求较为严格。

三、室内设计的程序

1. 设计准备阶段

1）明确设计任务

设计师一接到任务就构思出图是错误的做法。设计前的准备工作对于设计者来说，是十分重要的。准备工作指的是与设计相关但尚未展开设计程序的工作，即根据甲方提出的资料、文件、建筑图纸等一些有关文件展开设计初期的构思。不管内容怎样，接受任务后，设计师与甲方的衔接内容，总是通过设计文件体现出来的。这种设计文件专家们称为"设计任务书"，是设计的内容、要求、工程造价的总依据。这里以宾馆为例，列举设计任务书的主要内容如下。

室内设备项目：闭路电视系统、自动电话系统、中央空调系统、水暖系统和照明系统等。

室内装饰设计项目如下。

（1）大厅：地面、天棚、灯具、墙、柱、服务台、休息间。

（2）梯间：地面、天棚、墙面、休息座椅。

（3）楼梯：栏板、扶手、缓台、梯底、墙面、梯心灯、地毯、缓台装饰。

（4）电梯外间：地面、天棚、墙面柱、电梯口饰墙。

（5）各层走廊：地面、天棚、墙面、照明。

（6）接待厅、会议室：地面、天棚、墙面、灯具、茶几、沙发。

（7）标准客厅：墙面、天棚、地面、灯具、室内衣柜、行李柜、茶桌、书桌、床、沙发、茶几、床头柜（电控柜）、烟出器、照明、化妆台灯、卫生间灯、窗帘盒、踏脚板、电视机、电话机等。

室外装饰设计项目：门面、建筑小品、庭院、艺术品等。

以上是宾馆设计任务书的主要内容，随着空间性质的不同，它的规格和造价也不同。

2）收集、分析必要的资料和信息

对甲方的实际要求进行具体的了解，比如室内设计的等级、使用对象、资金投入、建筑环境、近远期设想、室内设计风格、设计使用期限等。在调查过程中要做好详细的记录，并将上述内容以"合同"方式固定下来，调查的方式多种多样，可以同工程联系人面谈、电话联络等。

3）现场调查

所谓现场调查，就是到建筑工地现场了解地形、地貌和建筑周围的自然环境及地理环境，了解建筑的性质、功能、造型特点和风格。现场量房还可以对同类型的实例进行参观，吸收优秀的设计经验。

2. 方案设计、完成阶段

根据甲方的要求及前期进行的一些准备工作，比如空间的使用性质、功能特点、设计规模、等级标准、总造价，甲方想要营造的室内环境氛围、文化内涵或艺术风格等各方面的要求，确定初步设计方案，提供设计文件。室内初步方案的文件通常包括：

（1）平面图（包括家具布置），常用比例为 1∶50、1∶100；

（2）室内立面展开图，常用比例为 1∶20、1∶50；

（3）顶面图或仰视图（包括灯具、风口等的布置），常用比例为 1∶50、1∶100；

（4）室内透视图（彩色效果）；

（5）室内装饰材料实样版面（墙纸、地毯、窗帘、室内纺织面料、墙地面砖及石材、木材等，家具、灯具、设备等用实物照片）；

（6）设计意图说明和工程预算。

初步设计方案需经过审定，方可进行施工图设计。

施工图设计阶段：需要补充施工所必要的有关平面布置，室内立面和平面、顶面设计等详细图纸，还包括设计节点详图、细部大样图及设备管线图，还需编制施工说明和造价预算。

3. 设计实施阶段

设计实施阶段即工程的施工阶段。室内工程在施工前，设计师应向施工单位介绍设计意图，解释设计说明，进行图纸的技术交流；在工程施工期间，需按设计图纸核对施工实况，有时还需根据现场实况提出对图纸的局部修改或补充（由设计单位出具修改通知书）；施工结束时，会同质检部门和建设单位进行工程验收。

知识点2　如何做一个室内设计师　　　　　　　TWO

　　室内设计师首先必须认识到，室内空间是艺术化的物质环境，设计这种空间必然要了解它作为物质产品的构成艺术，同时，也要懂得它作为室内艺术品的创作规律。作为设计师，其大量的工作与职业修养都应该集中到艺术与技术的结合上来。鲁迅先生就曾说过：艺术家固然须有精熟的艺术，但尤其须有进步的思想与高尚的人格，其作品，表面上是一个设计，或一个作品，其实是思想与人格的表现。

　　不断提高设计师的艺术修养非常重要，不仅是懂自身的专业，还须努力学习美学、文学、文艺理论、美术学、设计史、色彩学、心理学、诗词歌赋等。设计师具有了较好的文化修养之后，从事室内设计业务，还必须掌握一套描述各种空间关系、适应林林总总的人类活动的空间形态的设计语汇。同时，还应满足以下要求：

　　(1) 具有较好的美术艺术修养水平；

　　(2) 具有较好的艺术造型能力；

　　(3) 具有室内设计专业知识；

　　(4) 具备人体工程学的知识；

　　(5) 具有市场学、公关学、经济学等方面的知识，其中包括经济合同、材料预算等；

　　(6) 具有建筑学的专业知识；

　　(7) 具有一定的消防知识。

　　敏锐的设计师通过密切注视市场动态、流行趋势，推敲、研究和观测流行的演变规律，直到掌握规律，运用规律。设计是设计师凭借个人的经验找寻解决问题的途径的过程，只有全身心的投入，才能做出匠心独具的设计。

单元四

室内空间的组织 ◀◀◀

▌**教学目标**▌

　　了解室内空间的概念、特性和功能。

▌**教学重点**▌

　　掌握室内空间的功能并会举例说明。

　　人类劳动的显著特点就是，不但能适应环境，而且能改造环境。从原始人的穴居，发展到具有完善设施的室内空间，是人类经过漫长的岁月，对自然环境进行长期改造的结果。最早的室内空间是3000多年前的洞窟，从洞窟内反映当时游牧生活的壁画来看，人类早期就注意装饰自己的居住环境。室内环境是反映人类物质生活和精神生活的一面镜子，是生活创造的舞台。现实环境总是不能满足人类的要求，人的本质趋向于有选择性地对待现实，并按照他们自己的思想、愿望来加以改造和调整。不同时代的生活方式，对室内空间提出了不同的要求，正是由于人类不断改造和现实生活紧密相连的室内环境，才使得室内空间的发展变得永无止境，并在空间的量和质两个方面充分体现出来。（见图1-24）

图 1-24　室内空间的发展

知识点 1　室内空间的概念 ONE

　　对于一个具有地面、顶面、东南西北四方界面的六面体房间来说，室内外空间的区别很容易被识别；但对于不具备六面体的围蔽空间来说，它可以表现出多种形式的内外空间关系，有时确实难以在性质上加以区别。但现实生活告诉我们：一个最简单的边柱伞，如站台、沿街的帐篷摊位，在一定条件（主要是高度）下，可以避免日晒雨淋，在一定程度上达到了最原始的基本功能；面徒四壁的空间，也只能称为"院子"或"天井"而已，因为它们是露天的。由此可见，有无顶盖是区别内外部空间的主要标志。具备地面（楼面）、顶面、墙面三要素的房间是典型的室内空间；不具备这三要素的，除院子、天井外，有些可称为开敞、半开敞等不同层次的室内空间。我们的目的不是企图在这里对不同空间形式下确切的定义，但上述的分析对创造、开拓室内空间环境具有重要意义。譬如，希望扩大室内空间感时，显然以延伸顶盖最为有效。地面、墙面的延伸，虽然也有扩大空间的感觉，但主要是体现室外空间的引进、室内外空间的紧密联系；而在顶盖上开洞，设置天窗，则主要表现为进入室外空间，同时也具有开敞的感觉（见图 1-25）。

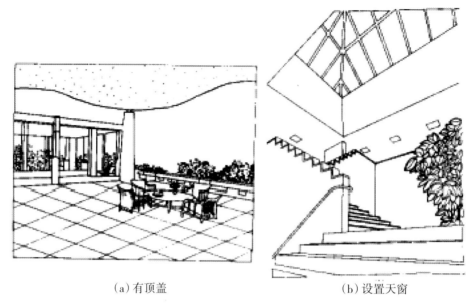

（a）有顶盖   （b）设置天窗

图1-25　有顶盖和设置天窗的不同空间效果

知识点2　室内空间的功能　　　　　　　　　　　　　　TWO

　　室内空间的功能包括物质功能和精神功能。物质功能包括使用上的要求，如空间的面积、大小、形状，适合的家具、设备布置，使用方便，节约空间，交通组织、疏散、消防、安全等措施，以及科学地创造良好的采光、照明、通风、隔声、隔热等的物理环境。现代电子工业的发展，新技术设施的引进和利用，对建筑使用提出了相应的要求，其物质功能的重要性、复杂性是不言而喻的。如住宅，在满足一切基本的物质需求后，还应考虑符合业主的经济条件，在维修、保养或修理等方面开支的限度，提供安全设备和安全感，并在家庭生活发生变化时有一定的灵活性等。

　　精神功能是在物质功能的基础上，在满足物质需求的同时，对个性、社会地位、职业、文化教育等方面相对个人理想目标的追求等提出的要求。它从人的不同的爱好、愿望、意志、审美情趣、民族文化、民族象征、民族风格等方面，充分体现在空间形式的处理和空间形象的塑造上，使人们获得精神上的满足和美的享受。

知识点3　室内空间的类型　　　　　　　　　　　　　THREE

一、固定空间和可变空间

　　固定空间常是一种使用不变、功能明确、位置固定的空间。如目前居住建筑设计中常将厨房、卫生间、浴室作为固定不变的空间，确定其位置，而其余空间可以按用户需要自由分隔。另外，有些永久性的纪念堂，也常作为固定不变的空间。

　　可变空间（或灵活空间）则与此相反，它为了能适合不同使用功能的需要而改变空间形式，因此常采用灵活可变的分隔方式，如折叠门、可开可闭的隔断，以及影剧院中的升降舞台、活动墙面、天棚等。如图1-26所示，通过墙体的移动改变空间功能。

二、开敞空间和封闭空间

　　开敞空间和封闭空间的不同点如下。

　　（1）在空间感上：开敞空间是流动的，它可提供更多的室内外景观，可扩大视野；封闭空间是静止的，有利

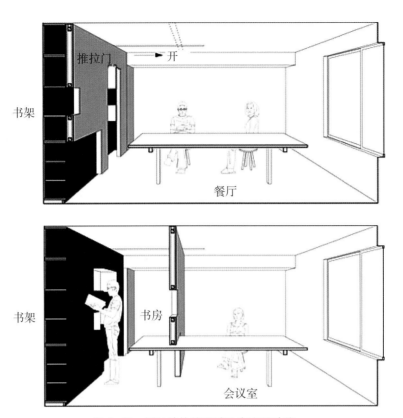

图 1-26　通过墙体的移动改变空间功能

于隔绝外来的各种干扰。

（2）在使用上：开敞空间灵活性较大，便于经常改变室内布置；而封闭空间提供了更多的墙面，容易布置家具，但空间变化受到限制，和大小相仿的开敞空间相比较时显得要小。

（3）在心理效果上：开敞空间常表现为开朗的、活跃的；封闭空间常表现为严肃的、安静的或沉闷的，但富于安全感。因此，开敞空间表现为更具公共性和社会性，而封闭空间更具私密性和个体性。

图 1-27 所示为将同样的居室分别处理成了开敞空间和封闭空间。

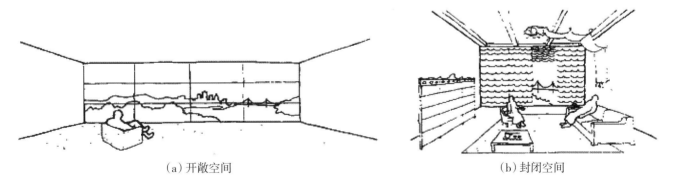

（a）开敞空间　　　　　　　　　　　　　　　　　（b）封闭空间

图 1-27　某居室的空间处理

三、静态空间和动态空间

静态空间一般说来形式比较稳定，常采用对称式，空间比较封闭，构成比较单一，视觉常被引导在一个方位或落在一个点上，空间常表现得非常清晰明确，一目了然。图 1-28（a）所示为一会议室，其中，家具做封闭周边形布置，天花、地面上下对应，吊灯位于空间的几何中心，整个空间限定得十分严谨。图 1-28（b）所示为某一饭店自动扶梯旁的休息处，其布置对称，以实体墙为背景，视线停留于此。

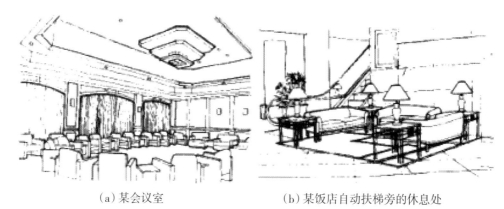

（a）某会议室　　　　　　　　　　　（b）某饭店自动扶梯旁的休息处

图 1-28　静态空间示例

　　动态空间又称为流动空间，它能引导人们从动的角度来观察周围事物，常使视线从这一点转向那一点，如自动扶梯、酒吧或舞厅等，使人们的视觉处在不停的流动状态。动态空间的界面（特别是曲面）组织具有连续性的动态效果。图 1-29 所示为某酒店大厅，它采用空间交错构图，有点像赖特的流水别墅，颇具动感。

图 1-29　某酒店大厅动态空间示例

四、虚拟空间和虚幻空间

　　虚拟空间（见图1-30），是指在界定的空间内，通过界面的局部变化而再次限定的空间，如局部升高地面或局部降低天棚，或以不同材质、色彩的平面变化来限定空间等，例如错层。

　　虚幻空间（见图1-31），是指室内镜面反映的虚像把人们的视线带到镜面背后的虚幻空间去，产生空间扩大的视觉效果的空间。因此，室内特别狭小的空间，常利用镜面来扩大空间感，并利用镜面的幻觉装饰来丰富室内景观。除镜面外，有时室内还利用有一定景深的大幅画面，把人们的视线引向远方，造成空间深远的意境。

图1-30　虚拟空间

图1-31　虚幻空间

五、过渡空间

　　过渡空间，是根据人们日常生活的需要提出来的。如图1-32所示的玄关空间，当人们进入自己的家时，都希望在门口有块地方擦鞋、换鞋，放置雨伞，挂雨衣，或者为了家庭的安全性和私密性，也需要进入居室前有块缓冲地带。又如在影剧院中，为了不使观众从明亮的室外突然进入较暗的观众厅而引起视觉上的急剧变化导致的不适应感，常在门厅、休息厅和观众厅之间设立光线渐次减弱的过渡空间。这些都属于过渡空间。此外，厂长、经理办公室前设置的秘书接待室，某些餐厅、宴会厅前的休息室，都属于比较实用的过渡空间。

　　设计师在进行设计时，一定要注意过渡空间的处理。比如在楼梯间入口处延伸出几个踏步，这几个踏步可视为楼梯间向门厅的延伸，使人一进门厅就能醒目地注意到，从而达到引导视线的作用，这也是门厅和楼梯间之间极好的过渡处理。

图1-32　玄关空间

知识点4　室内空间的划分　　　　　　FOUR

一、垂直型分隔空间

　　垂直型分隔空间的方式通常是利用建筑的构件、装修、家具、灯具、帷幔、隔扇、屏风及绿化等将室内空间做竖向分隔。垂直型分隔空间可分为如下几种方式。

1.装修分隔空间

　　装修分隔空间通常是指在装修时用屏风或博古架隔断等分隔空间。

2. 软隔断分隔空间

所谓软隔断就是帷幔、垂珠帘及活动的屏风等，通常用于住宅内的读书、睡眠、工作室等与起居室之间的分隔。图1-33所示用帷幔装饰空间，既软化了空间，形成材质对比，又起了划分空间的作用。

3. 建筑小品分隔空间

建筑小品分隔空间的方法是通过喷泉、水池、花架等建筑小品，对室内空间进行划分。它不但有保持大空间的特点，而且其中的水和花架营造了室内空间的活跃气氛。

4. 灯具分隔空间

利用灯具的布置对室内空间进行分区，是室内环境设计的常用手法。一个有起居室和餐厅的室内居室，灯具常常与家具陈设相配合，布置相应的光照以分隔空间。图1-34所示使用珠帘分隔空间，形成隔而不断的空间，再加上灯光在珠帘上发生折射，产生了绚烂的光效。

图1-33　用帷幔分隔空间　　　　　　　　　　图1-34　使用珠帘与灯光相配合分隔空间

5. 家具分隔空间

家具是室内空间分隔的主要角色之一。常用家具有橱柜、桌椅、书柜等，如果处理得当，可以使空间变大，大空间分成多空间。现代化的大空间办公室，往往是由若干个办公小间组成的。

二、水平型分隔空间

水平型分隔空间（见图1-35）是将室内空间的高度做种种分隔。水平型分隔空间分为如下几种方式。

1. 地台分隔空间

在家庭住宅设计中，为了增加住宅空间的层次感或者是为了增加储藏空间，可造一地台，既做储藏空间，又增加住宅空间的层次。

2. 夹层分隔空间

在公共建筑的室内空间，尤其是商业建筑的部分营业厅和图书馆建筑中带有辅助书库的阅览室，常将辅助书库做成夹层，以增加空间的使用面积。

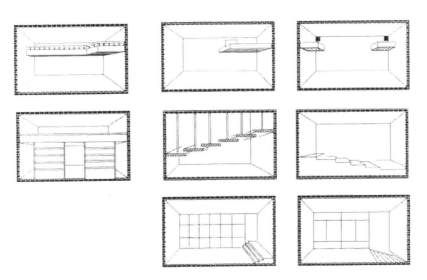

图 1-35　水平型分隔空间

3. 看台分隔空间

看台分隔空间一般在观演类建筑的大空间中应用得较多，它把高大的空间分隔成有楼座看台的复合空间，如体育场的看台、大礼堂会场等。

单元五

室内照明设计 《《《

■ 教学目标 ■

（1）了解室内照明的种类。

（2）了解室内照明的布局形式。

■ 教学重点 ■

掌握室内照明的种类和布局形式以增强空间美感。

知识点 1　室内光环境　　　　　　　　　ONE

光不仅可以作为界定空间、分隔空间、改变空间感等的手段——实用性，还能显著地体现其独特的文化表征——表现一定的装饰内容、空间格调和文化内涵。室内光环境对人的生理和心理会产生深远的影响，它是影响人类行为的直接因素之一。现代室内设计中光环境分为自然采光和人工照明两种。

一、自然采光

自然采光可以节约能源，使人在视觉上更为习惯和舒适，在心理上更能与自然接近、协调。根据光的来源方向及采光口所处的位置，自然采光分为侧面采光（见图 1-36）和顶部采光（见图 1-37）两种形式。侧面采光又分为全窗、高窗、中窗、低窗采光，顶部采光又分为全顶和半顶采光等。

图 1-36　侧面采光

图 1-37　顶部采光

图 1-38　人工照明

二、人工照明

　　人工照明（见图 1-38）就是灯光照明或室内照明。它是夜间主要光源，同时又是白天室内光线不足时的重要补充。人工照明环境具有功能和装饰两个方面的作用。现代室内光环境设计的内容在深度和广度上是多层次、多方面的，在保证了足够照明的同时，还可表现、完善、调整甚至改变空间感，限定、划分领域，夸张或减小体量感，强调或改变色彩的色相、明度及纯度等。最重要的是，可以通过种种手段使光创造某种环境气氛，制造某种情调，实现特定的构思，完成有意境的环境设计，以满足人的精神需求。

知识点 2　光的种类　　　　　　　　　　　　　　**TWO**

　　图 1-39 所示为照明类型，图 1-40 所示为光照实景图分析。

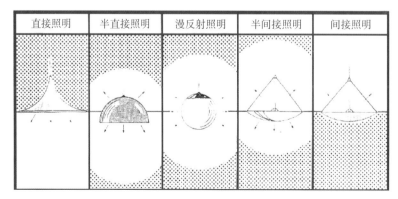

直接照明	半直接照明	漫反射照明	半间接照明	间接照明

图 1-39　照明类型

漫反射照明

间接照明

直接照明

半间接照明

半直接照明

图 1-40 光照实景图分析

光的种类可分为如下几种。

一、直射光

直射光是光源直接照射到工作面上的光。直射光的照度高,电能消耗少。

二、反射光

光线的全部或部分反射到天棚和墙面,然后再向下反射到工作面。这类光线柔和,给人视觉上的舒适感。

三、漫射光

漫射光是利用磨砂玻璃罩、乳白色灯罩,或特制的栅格,使光线形成多方向的漫射的光。漫射光较柔和。

知识点 3 室内照明的布局形式　　　　　　　THREE

一、基础照明

所谓基础照明(见图 1-41),是指大空间内全面的、基本的照明,在于能与重点照明的亮度有适当的比例,使室内形成一种格调。基础照明是最基本的照明方式。使用基础照明时,除了注意水平面的照度外,更应注意垂直面的亮度,一般选用比较均匀的、全面性的照明灯具。

二、重点照明

重点照明(见图 1-42 和图 1-43)是指对主要场所和对象进行的重点投光,如商店商品陈设架或橱窗的照明。其目的在于增强顾客对商品的吸引力和注意力,其亮度是根据商品种类、形状、大小及展览方式等确定的。重点照明一般使用强光来加强商品表面的光泽,强调商品形象,其亮度是基本照明的 3～5 倍。为了加强商品的立体感和质感,常使用方向性强的灯和利用有色光来强调特定的部分。

三、装饰照明

为了对室内进行装饰,增加空间层次,营造环境气氛,常用装饰照明(见图 1-44)。一般使用装饰吊灯、壁灯、挂灯等图案形式统一的系列灯具,这样可以使室内繁而不乱,并渲染室内环境气氛,更好地表现具有强烈个性的空间艺术。值得注意的是,装饰照明只能是以装饰为目的独立照明,不兼具基本照明或重点照明功能,否则会削弱精心制作的灯具形象。

图 1-41 基础照明   图 1-42 重点照明（一）

图 1-43 重点照明（二）   图 1-44 装饰照明

知识点 4　室内灯具种类　　　　　　　　　　　　　　　FOUR

室内灯具的种类可分为以下几种。

一、吊灯
吊灯（见图 1-45 和图 1-46）是悬挂在室内屋顶上的照明工具，经常用作大面积范围的一般照明。

二、吸顶灯
吸顶灯（见图 1-47）是直接安装在天花板上的一种固定式灯具，做室内一般照明用。

三、嵌入式灯
嵌入式灯（见图 1-48）是嵌在楼板隔层里的灯具，具有较好的下射配光。

图 1-45 吊灯（一）

图 1-46 吊灯（二）

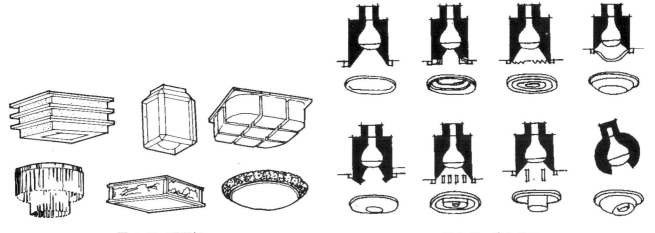

图 1-47 吸顶灯

图 1-48 嵌入式灯

四、壁灯

壁灯是一种安装在墙壁支柱及其他立面上的灯具，一般用于补充室内一般照明。

五、台灯

台灯（见图 1-49）主要用于局部照明，书桌上、床头柜上和茶几上都可用台灯。它不仅是照明器，又是很好的装饰品，对室内环境起美化的作用。

六、立灯

立灯（见图 1-50）又称落地灯，也是一种局部照明灯具。它常摆放在沙发和茶几附近，用于待客、休息和阅读照明。

七、轨道射灯

轨道射灯是由轨道和灯具组成的。灯具可沿轨道移动，灯具本身也可改变投射的角度，是一种局部照明用的灯具。

图 1-49　台灯

图 1-50　立灯

单元六

室内色彩设计 ◀◀◀◀

■ 教学目标 ■

（1）了解色彩的物理效应及心理效应。

（2）了解色彩的基本概念。

■ 教学重点 ■

（1）重点：掌握色彩的色相和心理效应带给人的不同感受。

（2）难点：如何把色彩的物理效应运用到不同的空间中。

知识点 1　色彩的物理效应　　　　　　　　　　ONE

　　具有颜色的物体总是处于一定的环境中，物体的颜色与周围环境的颜色相混，可能相互排斥、混合或反射，这就必然影响人们的视觉效果，使物体的大小、形状等在主观感觉中发生变化，这种主观感觉的变化，常称为色彩的物理效应。色彩的物理效应可分为如下几种。

一、温度感

　　在色彩学中，不同色相的色彩可分为热色、冷色和温色。在色相环上，从红紫色、红色、橙色、黄色到黄绿色称为热色，以橙色为最热色；从青紫色、青色至青绿色称冷色，以青色为最冷色。紫色是红色（热色）与青色（冷色）混合而成的，绿色是黄色（热色）与青色（冷色）混合而成的，因此都是温色。这些和人类长期的感觉经验是一致的，如：红色、黄色，让人似看到太阳、火、炼钢炉等，感觉热；而青色、绿色，让人似看到江河湖海、绿色的田野、森林等，感觉凉爽。

一般来说，愈靠近橙色，色感愈热；愈靠近青色，色感愈冷。如红色比红橙色较冷，红色比紫色较热，但不能说红色是冷色。

二、距离感

色彩可以使人感觉到进退、凹凸、远近。一般暖色系和明度高的色彩具有前进、凸出、可触碰的效果，而冷色系和明度较低的色彩则具有后退、远离的效果。在日常生活中，人们总是觉得朝光的表面向前凸，而背光的表面向后退。实验表明，主要色彩的距离感由前进到后退的排列次序是：红色＞黄色＞橙色＞紫色＞绿色＞青色。因此，可以把红色、橙色、黄色等颜色列为前进色，把青色、紫色等颜色列为后退色。

室内设计中常利用色彩的这些特点去改变空间的大小和高低，如：一个房间起居室和餐厅在一起时，起居室中以白色为背景，陈设色彩鲜明，则显得近；后面的餐厅设为冷色调，则显得远。（见图 1-51）利用色彩的距离感改善空间某些部分的形态和比例，效果很显著，是室内设计人员经常采用的手段。

三、重量感

色彩的重量感主要取决于明度和纯度，明度和纯度高的色彩显得轻，如桃红色、浅黄色。在室内设计的构图中采用上轻下重的色彩配置，就容易得到平衡、稳定的效果。如图 1-52 所示，地面明度和纯度低，显得重；坐垫明度高，显得轻。

正确运用色彩的重量感，可使色彩关系和谐而稳定。

四、尺度感

色彩对物体大小的作用，包括色相和明度两个因素。暖色和明度高的色彩具有扩散作用，因此物体显得大；而冷色和暗色则具有内聚作用，因此物体显得小。不同的明度和冷暖有时也通过对比作用显示出来，室内家具、物体的大小和整个室内空间的色彩处理有着密切的关系，可以利用色彩来改变物体的尺度、体积和空间感，使室内各部分之间的关系更为协调。居室中可以采用深色地面及深色书架做背景，加强空间的内聚作用，使空间不显得空旷，视觉相对集中。（见图 1-53）

图 1-51　起居室与餐厅的距离感　　　　图 1-52　地面与坐垫的重量感　　　　图 1-53　色彩的尺度感
　　在居室中的应用

知识点2　室内色彩设计的基本要求　　　　　　　　TWO

在进行室内色彩设计时，首先应了解和色彩有密切联系的如下几个问题。

一、空间的使用目的

如办公空间、商业空间、医院等，由于它们的使用目的各不相同，因而对色彩的选择也不尽相同，如办公空间应选择偏冷的色彩以表现其严肃而统一的特点（见图1-54），商业空间可根据所经营商品的特点来选择丰富多彩的暖色（见图1-55），医院则可选择肃穆、恬静、明度偏高的色彩。

图1-54　办公空间使用冷色调

图1-55　剧场舞台使用对比色调

图1-56　空间的大小和形式

二、空间的大小、形式

大的空间多采用深一些的色调，以增加室内的重量感；反之，应采用浅一些的色调来增加空间感。顶棚过低时，可用远感色，使之"提"上去；顶棚过高时，可用近感色，使之"降"下来；墙面过大时，宜用收缩色，"缩小"其面积；墙面过小时，应用膨胀色，"扩大"其范围。（见图1-56）

三、空间使用者的类别

男、女，老、幼等不同个体对色彩的喜好有很大差别，所以色彩的选择应适合居住者的类别。例如，小学教室常用黑色或深绿色的黑板，青绿色或浅黄色的墙面，其基本的出发点是保护儿童的视力和集中学生的注意力。若采用白墙和纯黑板，则对比强烈，容易使视觉疲劳。因此，设计时应考虑小孩的生理要求。图1-57所示为儿童房设计，图1-58所示为新婚夫妻房间设计。

四、使用者的偏好

一般来说，在符合色彩搭配原则的前提下，应尽可能地满足不同使用者的爱好和个性。

知识点3　室内色彩的组成　　　　　　　　　　　THREE

室内色彩由以下几种色彩组成。

图 1-57　儿童房设计　　　　　　　　　　　　　　图 1-58　新婚夫妻房间设计

一、主体色彩

主体色彩是室内设计中面积最大、占主导地位的色彩，一般占室内面积的 60% ~ 70%。它给人以整体印象，如暖色调、冷色调等。主体色彩通常是指室内的天花板、墙壁、门窗、地板等大面积的建筑色彩。（见图 1-59）

二、陪衬色彩

一般来讲，陪衬色彩应占室内空间面积的 20% ~ 30%。在室内占有一定面积的家具，如橱柜、梳妆台、床、桌、椅、沙发等，也应考虑陪衬色彩对其的影响。

三、点缀色彩

点缀色彩是指室内环境中最醒目、最易于变化的小面积色彩，它一般是室内设计中的视觉中心，应占室内面积的 5% ~ 10%，如形象墙、小景点、壁挂、靠垫、摆设品、花草等的色彩。（见图 1-60）

图 1-59　主体色彩　　　　　　　　　　　　　　图 1-60　点缀色彩

知识点 4　室内色彩的设计方法　　　　　　　　　　　　FOUR

室内色彩的设计方法有如下两种。

一、色彩的重复或呼应

色彩的重复或呼应（见图 1-61）即将同一色彩用到关键性的几个部位，从而使其成为控制整个室内的关键色。例如用相同色彩于家具、窗帘、地毯，使其他色彩居于次要的、不明显的地位。同时，也应使色彩之间相互联系，形成一个多样统一的整体，色彩上取得彼此呼应的关系，才能取得视觉上的联系和唤起视觉的运动。例如白色的墙面衬托出红色的沙发，而红色的沙发又衬托出白色的靠垫，这种在色彩上图底的互换，既是简化色彩的手段，也是活跃图底色彩关系的一种方法。

二、色彩的对比

色彩的对比（见图1–62）即用色彩形成强烈对比。色彩由于相互对比而得到加强，若发现室内存在对比色，也就使其他色彩退居次要地位，视觉很快集中于对比色，通过对比，各自的色彩更加鲜明，从而增强了色彩的表现力。提到色彩对比，不要以为只有红色与绿色、黄色与紫色等色相上的对比，实际上，采用明度的对比、彩度的对比、清色与浊色对比、彩色与非彩色对比的例子常比用色相对比还要多一些，或者通过减弱某些色彩来获得色彩构图的最佳效果。不论采取何种方法加强色彩的力量，其目的都是达到室内的统一和协调。

图1–61　色彩的重复与呼应

图1–62　色彩的对比

单元七

室内陈设设计　《《《

■教学目标■

（1）了解室内陈设的分类和选择。

（2）了解室内陈设的布置原则。

■教学重点■

（1）重点：掌握不同空间的室内陈设特点。

（2）难点：如何把不同的室内陈设类型运用到相对应的空间中。

知识点 1　室内陈设的分类　　　　　　　　　　　ONE

　　室内陈设一般分为功能性陈设（见图 1-63）和装饰性陈设（见图 1-64）。功能性陈设一般又称为实用性陈设，是指具有一定实用价值并兼有观赏性的陈设，如家具、灯具、织物、器皿等；装饰性陈设是指以装饰观赏为主的陈设，如雕塑、字画、纪念品、工艺品、植物等。

图 1-63　功能性陈设

图 1-64　装饰性陈设

知识点 2　室内陈设的选择和布置原则　　　　　　TWO

　　现代技术的发展和人们审美水平的提高，为室内陈设创造了十分有利的条件。室内陈设所包括的内容极为庞杂，如家具、灯具等，现如今，日用品也渐渐被涵盖到其中，其根据房间不同的使用性质而异，如书房中的书箱、客厅中的电视音响设备、餐厅中的餐具等。但实际上现代家具除了承担收纳各类事物的作用，而且本身已历经千百年的锤炼，其艺术水平和装饰作用已远远超过一般日用品。而对室内日用品只要进行严格管理，遵循"俗则藏之，美则露之"的原则，也可使现代室内成为艺术的殿堂、陈设之天地。实际经验也告诉我们，只有在简洁明净的室内空间环境中，陈设品的魅力才能充分地展示出来。（见图 1-65 至图 1-68）

　　由此可见，按照上述原则，室内陈设品的选择和布置主要是处理好陈设和家具之间的关系，陈设和陈设之间的关系及家具、陈设和空间界面之间的关系。由于家具在室内常占有重要位置和相当大的体量，因此，陈设围绕家具布置已成为一条普遍规律。室内陈设的选择和布置应考虑以下几点。

　　（1）室内的陈设应与室内使用功能相一致。

　　一幅画、一件雕塑、一副对联，它们的线条、色彩，不仅为了表现本身的题材，也应和空间场所相协调，只有这样才能反映不同的空间特色，形成独特的环境气氛，赋予深刻的文化内涵，而不流于华而不实、千篇一律的境地。例如：清华大学图书馆运用与建筑外形相同的手法处理的名人格言墙面装饰，增强了图书阅览空间的文化学术氛围，并显示了室内外的统一；重庆某学校教学楼门厅的木刻壁画——《青春的旋律》，反映了青年人朝气蓬勃的精神面貌。

　　（2）室内陈设品的大小、形式应与室内空间家具尺度取得良好的比例关系。

　　室内陈设品过大，常使空间显得小而拥挤，过小又可能使室内空间过于空旷；局部的陈设也是如此。例如，沙发上的靠垫做得过大，使沙发显得很小，而过小则又如玩具一样，与沙发很不相称。陈设品的形状、形式、线

图 1-65　室内陈设的选择与布置(一)

图 1-66　室内陈设的选择与布置(二)

图 1-67　室内陈设的选择与布置(三)

图 1-68　室内陈设的选择与布置(四)

条更应与家具及室内装修取得密切的配合,运用多样统一的美学原则使整体达到和谐的效果。

(3) 陈设品的色彩、材质也应与家具、装修统一考虑,形成一个协调的整体。

在色彩上可以采取对比的方式以突出重点,或采取调和的方式使家具和陈设之间、陈设和陈设之间取得相互呼应、彼此联系的协调效果。

同时,色彩又能起到改变室内气氛、情调的作用。例如,以无彩系处理的室内色调偏于冷淡,常采用一簇鲜艳的花卉或一对暖色的灯具,使整个室内气氛活跃起来。

(4) 陈设品的布置应与家具布置方式紧密配合,形成统一的风格。

良好的视觉效果,稳定的平衡关系,空间的对称或非对称,静态或动态,对称平衡或不对称平衡和气氛的严肃、活泼、活跃、雅静等布置方式也对室内风格起到关键性的作用。

项目二
住宅室内空间设计

SHINEI
SSHEJI
SHILI JIAOCHENG

单元一

住宅的空间组成和设计原则 ◀◀◀

教学目标

掌握室内设计基本设计原则。

教学重点

掌握住宅的空间组成。

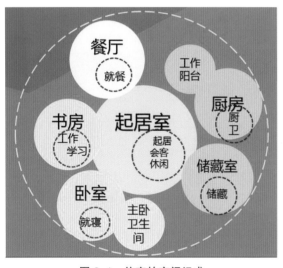

图2-1 住宅的空间组成

一、住宅的空间组成

家庭问题专家分析，每个人在住宅中要度过一生的1/3时间，而家庭主妇和学龄前儿童在住宅中居留的时间则更长，甚至达到每日的95%，上学子女在住宅中消耗的时光也达每日的1/2~3/4。从这组数据可以看出，人在住宅中居留的时间很长，这就要求生活空间环境的质量较高，且住宅的空间内容也随着日益增长的需求变得愈加丰富。住宅的空间组成（见图2-1）实质上由家庭活动的性质构成，其范围广泛，内容复杂，但归纳起来，大致可分为三种性质空间。

1. 公共活动空间

公共活动空间是以家庭公共需要为对象的综合活动场所，是一个与家人共享天伦之乐及与亲友联谊情感的日常聚会的空间。它不仅能适当调剂身心，陶冶性情，而且可以沟通情感，增进幸福。一方面它成为家庭生活聚集的中心，在精神上反映着和谐的家庭关系；另一方面它是家庭和外界交际的场所，象征着合作和友善。家庭的群体活动主要包括谈聚、视听、阅读、用餐、户外活动、娱乐及儿童游戏等内容。

公共活动空间主要分为门厅、起居室、餐厅、游戏室等。接待客人、聚会、聊天、阅读、用餐、娱乐及儿童游戏等内容都是在这个空间进行的活动。图2-2至图2-4所示为学生的手绘公共空间快题。

2. 私密性空间

私密性空间是为家庭成员独自进行私密行为所设计提供的空间，像睡眠、休息、卫生、梳妆等这些具有个人行为的空间，包括卧室、卫生间、浴室等私密性极强的空间。私密性空间的设计，要根据个体的爱好和品味而设计，根据个体的性别、年龄、性格、喜好等个别因素而设计，因此，它更能体现出空间使用者的个性。例如：卧室和卫生间（浴室）是供个人休息、睡眠、梳妆、更衣、沐浴等活动和生活的私密性空间，其特点是针对多数人的共同需要，根据个体生理和心理的差异，根据个体的爱好和品味而设计；书房和工作间是个人工作、思考等突出独自行为的空间，其特点是针对个体的特殊需要，根据个体的性别、年龄、性格、喜好等个别因素而设计。完

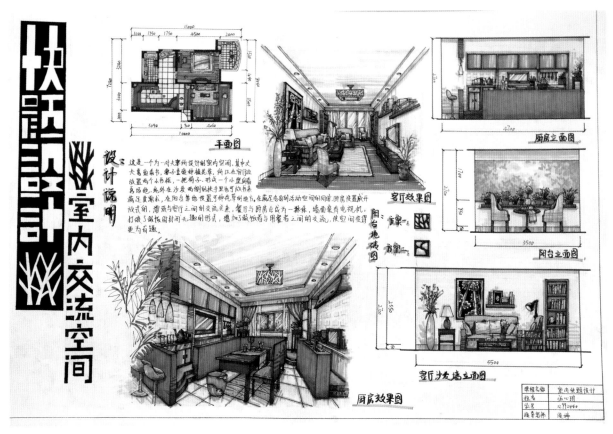

图 2-2 12 级学生张心玥手绘公共空间快题

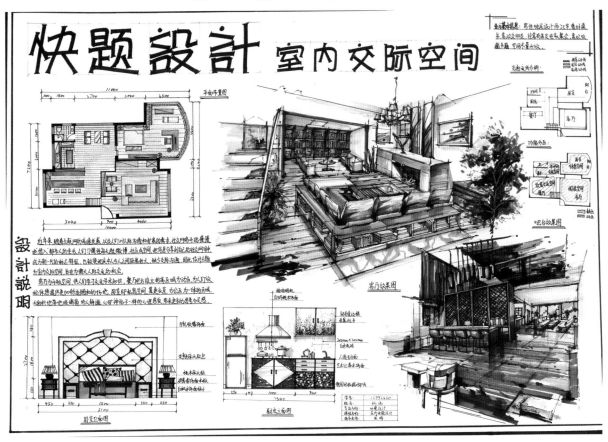

图 2-3 12 级学生杨雨手绘公共空间快题

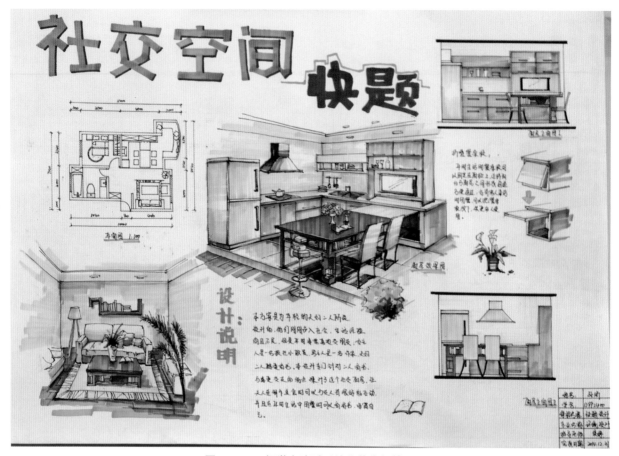

图 2-4　12 级学生孙昕手绘公共空间快题

备的私密性空间具有休闲性、安全性和创造性，是能使家庭成员自我平衡、自我调整、自我袒露的不可缺少的空间区域。图 2-5 所示为学生的手绘私密空间效果图。

图 2-5　12 级学生张心玥手绘私密空间效果图

3. 家庭服务空间

家庭服务空间是解决琐碎的家务的空间，如做饭、洗涤餐具、清洁环境、修理设备、洗衣等活动的空间，主要指厨房、卫生间。在设计时应重视其功能性，首先应当对每一种活动都给予一个合适的位置，其次应当根据设备尺寸及使用操作设备的人体工程学要求给予其合理的尺度。

二、室内设计的基本原则

这里先举一个家庭室内设计与装饰不当的例子：有一家四口人进行室内设计前，没有一起商量，没有统一的构思，分头购买了家具、窗帘、地毯、灯具、床罩和壁挂等，尽管这些都是他们各自认为最为理想的物品，但是若在室内放在一起，十有八九不会形成一个统一的、美观的室内环境。因此，在进行室内设计时应遵循以下几点基本原则。

（1）构思、立意是室内设计的"灵魂"。

室内设计通盘构思，是指在动手装饰之前，打算把家庭的室内环境设计装饰成什么风格和造型特征，需要从总体上根据家庭的职业特点、艺术爱好、人口组成、经济条件和家中业余活动的主要内容等做通盘考虑。例如：是装饰成富有时代气息的现代风格，还是装饰成显示文化内涵的传统风格；是装饰成返朴归真的自然风格，还是装饰成既具有历史延续性，又有人情味的后现代风格；是装饰成中式的，还是装饰成西式的……当然也可以根据业主的喜爱，但这都需要事先通盘考虑。

室内设计通盘构思即"意在笔先"：先有个总的设想，然后才着手地面、墙面、顶面的装饰，买什么样式的家具，什么样的灯具及窗帘、床罩等室内织物和装饰小品。

（2）住宅室内的基本功能布局应定当，有一个在造型和艺术风格上的整体构思。

应从整体构思出发，设计室内地面、墙面和顶面等各个界面的色彩和材质，确定家具和室内纺织品的色彩和材质。色彩是人们在室内环境中最为敏感的视觉感受，因此，根据主体构思确定住宅室内环境的主色调至为重要，例如：是选用暖色调还是冷色调，是对比色还是调和色，是高明度还是低明度，等等。根据总的构思要求确定主色调，考虑不同色彩的配置和调配，例如选用黑、白、灰为基调的无彩体系，局部要配以高彩度的小件摆设或沙发靠垫等。

（3）在住宅室内空间的环境中选用合适的家具。

家具的造型款式、家具的色彩和材质都与室内环境的实用性和艺术性休戚相关。例如，小面积住宅中选用清水亚光的出木家具（指家具木结构的骨架部分外露，造型较紧凑，靠垫等织物部分可随季节变换），辅以棉麻类面料，常使人们感到亲切淡雅，如图2-6所示。色彩的选择，与室内设计的风格定位有关，例如室内为中式传统风格，通常可用红木或仿红木类家具。若家具色彩为酱黑色、棕色或麻黄色，则壁面常为白色粉墙——室内环境即属家具与墙面的明度高对比布局。图2-7所示为大户型美式风格设计。

图2-6　小户型空间设计　　　　　图2-7　大户型美式风格设计

单元二

门厅、起居室空间设计 ◀◀◀

■ **教学目标** ■
了解门厅、起居室所满足的基本功能。

■ **教学重点** ■
掌握起居室设计特点。

知识点1 门厅、起居室性质与空间位置 　　　　　　ONE

一、门厅

住宅建筑一进门，我们都希望有一个从室外到室内环境的过渡区域，可以挂雨衣、脱挂外套或大衣的空间；有的住户习惯进入户内后换鞋，也需要在进门处有存放包、袋等一些小件物品的空间；这就是门厅。（见图2-8）

有的居室在设计时就留出了门厅的位置，可以将其设计成玄关，面积允许时也可放置一些陈设小品和绿化等，使进门后的环境留下良好的第一印象；有的没有这么大空间的居室，也会虚拟一个门厅，设置衣帽柜、穿衣镜等简单的家具做划分。（见图2-9）

图2-8　门厅

图2-9　小户型住宅入口过渡空间

门厅是给人第一印象的地方，其气氛需设计得使家人从外面归来时有安心感，还要使访问者有宾至如归的感觉。因此，门厅的灯光不能有阴森感，应有充分光度，采用全盘照明。进门处有绘画或花卉之类的装饰物可用重点照明，增加气氛。门厅的地面用材以易清洁耐磨的材质为主。

二、起居室的性质及空间位置

起居室是家庭生活的主要活动空间，在住宅面积较小的情况下，它是全部的生活区域，因此起着很重要的作用。该空间基本上是由一组配置茶几和低位座椅或沙发围合而成，再适当配以室内绿化和陈设小品。起居室内除必要的家具之外，还可根据室内空间的特点和整体布局安排，适当设置陈设、摆件、壁饰等，因为小品、室内盆栽或案头绿化常会给居室的人工环境带来生机和自然气息。（见图 2-10）

图 2-10　起居室空间

原则上，起居室宜设在住宅的中央区域，并应接近主入口，但和门厅之间应适当隔断，以避免直接通过楼梯间时向户外暴露，使人心理上产生不良反应。此外，起居室应保证良好的日照，并尽可能选择室外景观较好的位置，这样不仅可以充分享受大自然的美景，更可使住户感受到视觉与空间效果上的舒适。图 2-11 所示为学生设计的起居室。

图 2-11　10 级学生罗成设计的起居室

三、起居室应满足的功能

在空间条件允许的情况下，可采取多用途的布置方式设计起居室，如分设会谈、音乐、阅读、娱乐、视听等多个功能区域。（见图 2-12）

从图 2-12 中可以看出，起居室几乎涵盖了家庭中 80% 以上的活动内容，主要分为如下五种功能。

（1）家庭团聚。起居室首先是家庭团聚、交流的场所，这是起居室的核心功能，是主体，因而，设计师往往通过一组沙发或座椅的巧妙围合使起居室形成一个适宜交流的场所。场所的位置一般设于起居室的几何中心处，以象征此区域在居室的中心位置。在西方，起居室是以壁炉为中心展开布置的，温暖而装饰精美的壁炉构成了起居室的视觉中心；而在我国，起居室是以电视机为中心展开的，工作之余，全家围坐在一起看电视机、聚会、谈天、饮茶等。

起居室内主要活动内容

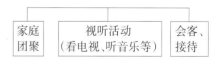

起居室内兼具功能内容

图 2-12　起居室的功能

（2）会客。起居室往往兼顾客厅的功能，是一个家庭对外交流的场所。其在布局上要符合会客的距离和主客位置上的要求，在形式上要创造适宜的气氛，同时还要表现出家庭的性质及主人的品位，达到间接对外展示的效果。在我国传统住宅中，会客区域是方向感较强的矩形空间，视觉中心是中堂画和八仙桌，主客分列八仙桌两侧；而现代的会客空间的格局则要轻松得多，它位置随意，可以和家庭谈聚空间合二为一，也可以单独形成亲切会客的小场所。（见图 2-13）

（3）视听。听音乐和看节目是人们生活中必不可少的部分。在西方传统的住宅起居室中往往给钢琴留出位置，而我国传统住宅的堂屋中常常有听曲看戏的功能。后来，收音机的出现曾一度影响了家居的布局形式，再到电视机、家庭影院等。电视机的位置与沙发座椅的摆放要吻合，以便坐着的人都能看到电视画面。另外，电视机的位置和窗的位置有关，要避免逆光及外部景观在屏幕上形成的反光对观看质量产生影响。这些都是需要在设计中注意的。

（4）娱乐。起居室中的娱乐活动主要包括棋牌、卡拉 OK、弹琴、游戏机等消遣活动。根据主人的不同爱好，应当在布局中考虑到娱乐区域的划分。例如：卡拉 OK 可以根据实际情况单独设立沙发、电视，也可以和会客区域融为一体使空间具备多功能的性质；而棋牌娱乐则可以设置专门的牌桌和座椅，也可以根据实际情况处理成和餐桌椅相结合的形式。在设计中，应跟业主仔细交流，按照业主的喜好和空间的实际大小进行设计。

（5）阅读。在家庭的休闲活动中，阅读占有相当大的比例。以一种轻松的心态去浏览报纸、杂志或图书对许多人来讲是一件愉快的事情，这些活动没有明确的目的性，时间规律很随意，很自在，因而不必在书房进行。这部分区域可以在起居室中存在，但其位置并不固定，往往随时间和场合而变动，如白天人们喜欢靠近有阳光的地方阅读，晚上希望在台灯或落地灯旁阅读，而伴随着聚会所进行的阅读活动形式更是不拘一格。阅读区域虽然有其变化的一面，但其对照明、座椅及存书的设施的要求也是有一定规律的，必须准确地把握分寸，以免把起居室设计成书房。（见图 2-14）

图 2-13　起居室的会客功能

图 2-14　起居室的阅读功能

知识点 2　起居室空间界面设计　　　　　　　　　　　　TWO

起居室空间界面设计分为如下几个部分。

一、顶棚设计

由于现代居室房高较低，不宜全部吊顶，根据功能需要进行的局部造型应以简洁为主。假如业主需要，可以在墙面交接处钉上顶角线，或置以较为简洁的顶棚线脚。通常顶棚可喷白或刷白。

二、地面设计

地面设计材料的选择很多，有地毯、地砖、天然石材、木地板等多种材料。像公共空间那样利用拼花的千变万化强化视觉的做法应避免，家庭中的地面设计应给人一种宁静祥和的气氛。

三、墙面

起居室的墙面是起居室装饰中的重点部位，因为它面积大，位置重要，是视线集中的地方，对整个室内的风格、式样及色调起着决定性作用，它的风格也就是整个室内的风格。因此，起居室墙面的装饰是起居室空间界面设计中很重要的方面。

对起居室墙面的装饰应从使用者的兴趣、爱好出发，体现不同家庭的风格特点与个性。在设计时，装饰不能过多、过滥，应以简洁为好；色调最好用明亮的颜色，使空间明亮开阔。同时应该对一个主要墙面进行重点装饰，要么是影视墙，要么是沙发墙，以集中视线。西方传统起居室是对以壁炉为中心的主要墙面进行重点装饰的，同时，壁炉上摆放小雕塑、瓷器、肖像等工艺品，上方悬挂绘画或浮雕、兽头、刀剑、盾牌等进行装饰，有的还在墙面上做出造型；而我国传统民居中以正屋一进门的南立面为装饰中心，悬挂中堂、字画、对联、匾额，有些还做出各种落地罩、隔扇或设立屏风等进行装饰，以强调庄重的气氛。（见图2-15）

根据室内造型风格需要，也可以把局部墙面处理为仿石、仿砖等较为粗犷的面层，适当配以绿化，使其具有田园风格或自然风格的氛围。（见图2-16）

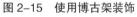

图2-15　使用博古架装饰　　　　　　　　图2-16　局部墙面处理为仿石效果

知识点3　起居室的陈设设计　　　　　THREE

目前我国的住宅建设现状是空间的高度受到很大限制，一般层高在2.8 m左右，而且由于房价等各方面原因，一般人们购买的面积不是很大，留给室内设计发挥的余地就很小，不宜再进一步地分隔、包装，因此，空间的装饰、陈设变得很重要。如果说装修有一定的技术性和普遍性，那么陈设则更高地表现为文化性和个性方面。可以说，陈设是装修后的进一步升华，"轻装修、重装饰"成了现代装饰的一个口号。

一、陈设艺术风格

在室内设计中，装修的风格有欧式、中式、古典、现代之分，这都能在起居室的陈设装饰中体现。在欧式风格中，陈设应以雕塑、金银、油画等为主；在中式风格中，陈设应以瓷器、扇、字画、盆景等为主；古典风格的起居室中，陈设艺术品大多制作精美、典雅，形态沉稳，如古典的油画，精巧华丽的餐具、烛台；而现代的起居室中的陈设艺术品则色彩鲜艳，讲求反差、夸张、简洁。

二、陈设艺术品种类

上面所述的装饰品均属于室内陈设品的范畴，还包括家具、电器设备、织物、灯具等，均可作为居室的装饰陈设。有关室内陈设的有关知识，在前面章节已有详细的论述，在这里简单说一下织物在起居室中的用法。

装饰织物类是室内陈设用品的一大类别，包括地毯、窗帘、陈设覆盖织物、靠垫、壁挂、顶棚织物、布玩具、织物屏风等。如今织物已渗透到室内设计的各个方面，由于织物在室内的覆盖面较大，因此对室内的气氛、格调、境界等起了很大作用。织物具有柔软、触感舒适的特性，所以又能有效地增加舒适感。在起居室中手工的地毯可以划分出会客聚谈的区域，以不同的图案创造不同的区域氛围；壁毯能在墙面上形成中心，使人产生无穷的想象；沙发座椅上的小靠垫则往往以明快的色彩调节着色调整体节奏。

三、陈设艺术品的摆放

这些众多的陈设品的功能可分为两大类：实用型功能和装饰型功能。比如艺术造型的灯具，既有照明功能又有美化房间功能；又如精致的烟灰缸，既为主人和客人提供了盛放烟灰的空间，同时其造型又为区域空间增加了情趣。

另一类陈设品则属于纯粹视觉上的需求，其功能只在于充实空间，丰富视觉，比如墙面上的字画作用在于丰富墙面，瓷器、玩具用来增添室内情趣。这类陈设品的位置则要从视觉需要出发，结合空间形态来设置。

在设计时，必须结合陈设品的使用功能，根据室内人体工学的原则，确定其基本的位置，如灯具的位置高低不能影响其照明功效，烟缸的位置应令使用者方便使用。陈设家具的摆放应既符合家具布置的一般原则，又让其位于显眼处，发挥其展示功能。在灯具的设置上，可使用具有个性的吊灯，沙发座椅边可设置落地灯，较为宽敞的起居室可适当设置壁灯。由于住宅的使用性质及室内空间尺度等因素，起居室的灯具不宜采用宾馆型的复杂、华丽的大型灯具。图 2-17 所示为学生手绘的起居室陈设设计。

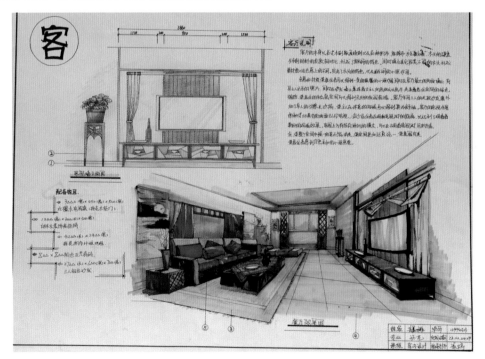

图 2-17　12 级学生岳晨绯、杨雨手绘的起居室陈设设计

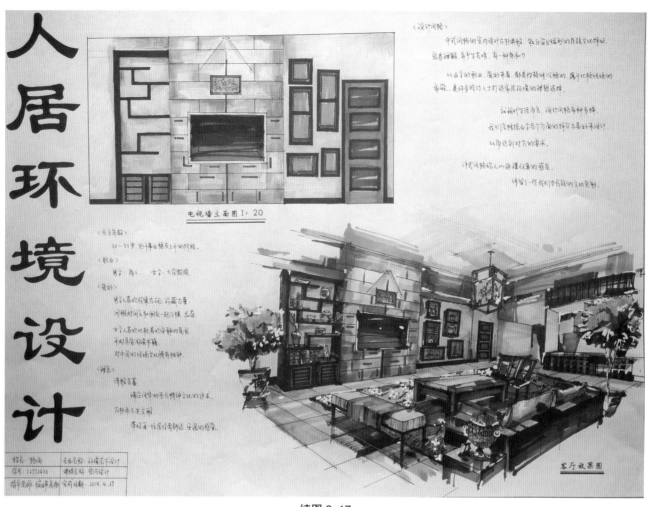

续图 2-17

单元三

卧室空间设计 ❮❮❮

知识点 1 卧室的空间位置 ONE

　　卧室属于私密性的空间，对室内设计提出了更高的要求：要求设计师从色彩、位置、家具布置、使用材料、艺术陈设等多方面入手，统筹兼顾，使不同性质的卧室在形象上有其不同的特征。图 2-18 所示为学生设计的卧室。

　　住宅中若有两个或两个以上卧室时，通常大一点的为主卧室，其余为老人或儿童房。主卧室设置有双人床、床头柜、衣橱、休息座椅等必备家具，视卧室平面面积的大小和房主的使用要求，尚可设置梳妆台、工作台等家

图 2-18　12 级学生周浩设计的卧室

具，但卧室室内的家具也不宜过多。有的住宅卧室外侧通向阳台，使卧室有一个与室外环境交流的场所。现代住宅趋向于相对缩小卧室面积以扩大起居室面积。在功能上，主卧室一方面要满足休息和睡眠等要求；另一方面，它必须合乎休闲、工作、梳妆及卫生保健等综合要求。因此，主卧室实际上是具有睡眠、休闲、梳妆、盥洗、贮藏等综合实用功能的活动空间。图 2-19 所示为面积紧凑的主卧室空间布置。

图 2-19　面积紧凑的主卧室空间布置

知识点 2　卧室空间界面设计　　　　　　　　　　　　　　　　　　　　TWO

卧室各界面的用材，地面以木地板为宜，墙面可使用带有色彩倾向的乳胶漆、墙纸或部分软包装饰，以烘托温馨的氛围。平顶宜简洁或设少量线脚。卧室的色彩宜淡雅，但色彩的明度应稍低于起居室。同时，卧室设计中要注意床罩、窗帘、靠垫等室内软装饰的色彩、材质、花饰，这些都对卧室氛围的营造起很大作用。图 2-20 所示为卧室空间界面设计。

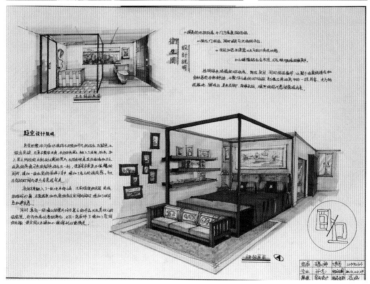

图 2-20　卧室空间界面设计

单元四

餐厅空间设计 ◀◀◀◀

知识点 1　餐厅的空间位置　　　　　　　　　　　　　　　　　　　　　ONE

我国自古就有"民以食为天"的说法，用餐是一项较为正式的活动，因而无论在用餐环境还是在用餐方式上都有一定的讲究。而在现代观念中，餐厅则更强调幽雅的环境以及气氛的营造。所以，现代家庭在进行餐厅装饰设计时，除注重家具的选择与摆设位置外，更应注重灯光的调节以及色彩的运用，这样才能设计出一个独具特色的餐厅。在灯光处理上，餐厅顶部的吊灯属餐厅的主光源，亦是形成情调的视觉中心。在空间允许的前提下，最好能在主光源周围布设一些低照度的辅助灯具，以丰富光线的层次，用以营造轻松愉快的气氛。在色彩上，宜以明朗轻快的调子为主，用以增加进餐的情趣。在家具配置上，应根据家庭日常进餐人数来确定，同时应考虑宴请亲友的需要。在面积不足的情况下，可采用折叠式的餐桌进行布置，以增强在使用上的机动性；为节约占地面积，餐桌椅本身应采用小尺度设计。根据餐厅或用餐区的空间大小、形状及家庭的用餐习惯，选择适合的家具：西方多采用长方形或椭圆形的餐桌，而我国多选择正方形与圆形的餐桌。

　　餐厅可以是单独的房间，也可从起居室中以轻质隔断或家具分隔成相对独立的用餐空间（见图2-21）；或者用灯具或局部吊顶的方式划分出餐饮空间（见图2-22）。在装饰风格上，餐厅应该和同处一个空间的区域保持一致。若餐厅处在一个闭合空间，其处理形式可以自由发挥。

图2-21　使用轻质隔断分隔出餐厅

图2-22　用灯具划分出餐厅空间

　　由于现代城市家庭人口构成趋于减少（城市核心家庭人口已在3人左右），因此从节省空间和充分利用空间出发，在起居室中附设餐桌椅，或在厨房内设小型餐桌，即"厨餐合一"，此时不必单独设置餐厅。当周末、节日用餐或亲友来客用餐时，可于起居室中增设餐桌椅。

知识点2　餐厅的空间界面设计　　　　　　　　　TWO

　　餐厅的功能性较为单一，因而室内设计必须从空间界面的设计、材质的选择，以及色彩、灯光的设计和家具的配置等方面全方位配合，来营造一种适宜进餐的气氛。当然，一个空间的格调，是由空间界面的设计来形成的。餐厅空间界面的组成及其特性如下。

一、顶棚

　　餐厅的顶棚设计往往对应餐桌的中心位置，因为餐厅无论是在东方还是西方，无论是圆桌还是方桌，就餐者均围绕餐桌而坐，从而形成了一个无形的中心环境。此时，设计师就可以借助吊顶的变化丰富餐厅环境，创造就餐的环境氛围，同时也可以用暗槽灯的形式来创造气氛。顶棚是餐厅照明光源的主要所在，其照明形式是多种多样的，灯具有吊灯、筒灯、射灯、暗槽灯、格栅灯等，应根据空间不同的风格而定。

　　餐厅应制造舒适愉快的气氛以增加食欲，可装饰一两盏半直接或直接照明的吊灯，其高度离桌面约80~100

cm，并可调节。吊灯能把饭菜照射得诱人，也可使玻璃器皿看上去更美，因此，设置吊灯是以桌子为中心来快乐聚会最合适不过的办法。

二、地面

餐厅地面材料的选择和做法主要考虑便于清洁这一因素，以适应餐厅的特定要求，因此地面材料应有一定防水和防油污特性。

三、墙面

现代社会就餐已日益成为重要的活动，餐厅空间的使用时间也愈来愈长，餐厅不仅是全家人日常共同进餐的地方，而且是邀请亲朋好友交谈与休闲的地方。因此，对餐厅墙面进行装饰时应从建筑内部把握空间，根据空间的使用性质、所处位置及个人嗜好，运用科学技术与文化手段、艺术手法，创造出功能合理、舒适美观，符合人的生理、心理要求的空间环境。餐厅墙面的装饰除了要依据餐厅和居室整体环境相协调、对立统一的原则以外，还要考虑到它的实用功能和美化效果等特殊要求。（见图2-23）一般来讲，餐厅较卧室、书房等空间所蕴含的气氛要轻松活泼一些，并且要注意营造出一种温馨的气氛，以满足家庭成员的聚合心理。

图2-23　餐厅的墙面装饰

图2-24至图2-26所示为餐厅专题学生作业。

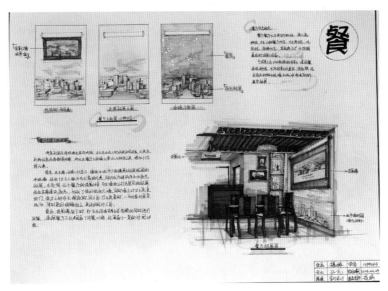

图2-24　12级学生岳晨绯餐厅专题作业

设计说明：

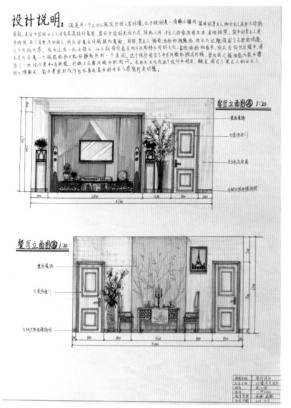
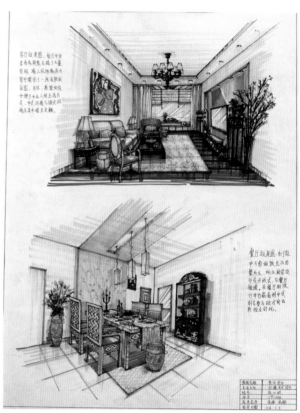

图 2-25　12 级学生张心玥餐厅专题作业

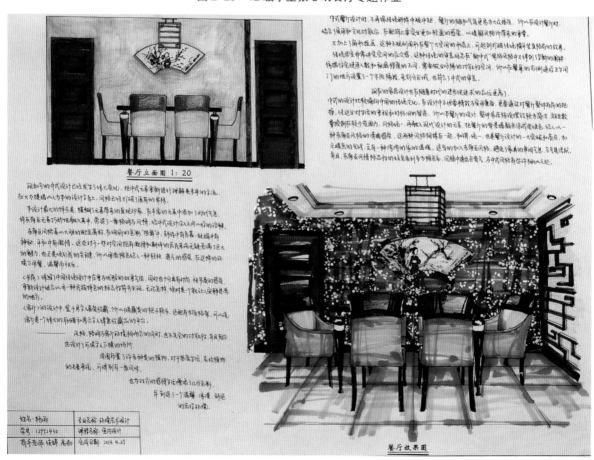

图 2-26　12 级学生杨雨餐厅专题作业

单元五

书房空间设计 ❮❮❮

知识点 1　书房的设置空间　　　　　　　　　　　　　　　　ONE

由于人们在书写阅读时需要较为安静的环境，因此，书房在居室中的位置应注意如下几点：

（1）适当偏离活动区，如起居室、餐厅，以避免干扰。

（2）远离厨房、储藏间等家务用房，以便保持清洁。

（3）和儿童卧室也应保持一定的距离，以避免儿童的喧闹影响环境。

因而，书房往往和主卧室的位置较为接近，个别情况下可以将两者以穿套的形式相连接，有的甚至直接把主卧阳台设置成书房。

知识点 2　书房的布局　　　　　　　　　　　　　　　　　　TWO

书房可以划分出工作阅读区域和藏书区域两大部分，空间大的还有休息、谈话区域。其中，工作和阅读应是空间的主体，应在位置、采光上给予重点处理：首先这个区域要安静，其次朝向要好，采光要好，人工照明设计要好，以满足工作时视觉要求。藏书区域要有较大的展示面，以便主人查阅，特殊的书籍还须满足避免阳光直射的要求。若在不太宽裕的空间内满足这些要求，必须在空间布局上下功夫。

知识点 3　书房的家具陈设　　　　　　　　　　　　　　　THREE

书籍陈列类家具，包括书架、文件柜、博古架、保险柜等，其尺寸应以最经济、实用及使用方便为参照来设计选择。阅读工作台面类家具有写字台、操作台、绘画工作台、电脑桌、工作椅等。书房内的附属设施有休闲椅、茶几、文件粉碎机、音响、工作台灯、笔架、电脑等。

知识点 4　书房的装饰设计　　　　　　　　　　　　　　　FOUR

书房是一个工作空间，但它绝不等同于一般的办公室，它要和整个家居的气氛相和谐，同时又要巧妙地应用色彩、材质变化及绿化等手段来创造出一个宁静、温馨的工作环境。在家具布置上要根据使用者的工作习惯来布置摆设家具、设施甚至艺术品，以体现主人的品位、个性。书房和办公室比起来往往杂乱无章，缺乏秩序，但却富有人情味和个性。图 2-27 所示为书房的装饰设计。

图 2-27　书房的装饰设计

单元六

厨房设计　《《《

知识点 1　厨房界面装饰设计　ONE

　　厨房在住宅家庭生活中具有非常突出的重要作用。主妇一日三餐的洗切、烹饪、备餐及用餐后的洗涤餐具与整理等，其中 2~3 小时需要耽搁在厨房，厨房操作在家务劳动中也较为劳累。因此，现代住宅室内设计应为厨房创造一个洁净明亮、操作方便、通风良好的环境，在视觉上应给人以井井有条、愉悦明快的感受，厨房应有对外开窗的直接采光与通风，即现今提倡的"明厨"。

　　厨房的各个界面应考虑防水和易清洗功能。通常地面可采用陶瓷类地砖，墙面用防水涂料或面砖，平顶以防水涂料为主。厨房的照明应注意灯具的防潮处理，灯具应不易生锈，造型简洁，易清理。烧煮处可在排油烟机位置设置灶台的局部照明。

知识点 2　厨房平面布局形式　TWO

　　为了研究厨房设备布置对厨房使用情况的影响，通常使用所谓的工作三角法来讨论。工作三角是指由洗切一烹饪—备餐这三个工作中心之间连线所构成的三角形。从理论上说，该三角形的总边长越小，人们在厨房中工作的劳动强度和时间耗费就越小。一般认为，当工作三角的边长之和大于 6.7 m 时，厨房就不太方便使用了，较适宜的边长之和应控制在 3.5~6 m。对于一般家庭来讲，为了简化计算方法，也可利用电冰箱、水槽、炉灶构成工作三角。通过分析和研究厨房内的设备布置和区域划分等问题，从而设计出合理的厨房平面。

常见的几种厨房平面布置形式如下。

一、U 形厨房

U 形平面是一种十分有效的厨房布置方式。采用这种布置方式的优点主要体现在布置面积不需很大，用起来却十分方便。

二、半岛式厨房

半岛式厨房（见图 2-28）与 U 形厨房相类似，但有一边不贴墙，烹调中心常常布置在半岛上，而且一般是通过半岛把厨房与餐厅或家庭活动室相连接。

三、L 形厨房

L 形厨房（见图 2-29）是把台面、器具和设备贴在两面相邻的墙上连续布置。其工作三角避开了交通联系的路线，剩余的空间可放其他的厨房设施，如进餐或洗衣设施等。但当 L 形厨房的墙过长时，厨房使用起来略感不够紧凑。

四、走廊式厨房

沿两面对立的墙布置的走廊式厨房，对于狭长房间来讲，这是一种实用的布置方式。采用这种布置方式时，必须注意避免有过大的交通量穿越工作三角，否则会感到不便。

五、单墙厨房

对于小的公寓或只有小空间可利用的住宅，单墙厨房是一种优秀的设计方案。几个工作中心位于一条线上，构成了一个非常好的布局。但是，在采用这种布置方式时必须注意避免把"战线"搞得太长，并且必须提供足够的贮藏设施和足够的操作台面。

六、岛式厨房

岛式厨房中这个"岛"充当了厨房里几个不同部分的分隔物。"岛"中通常设置一个炉台或水池，或者两者兼有，从所有各边都可就近使用它。有时在"岛"上还布置一些其他的设施，如调配中心、便餐柜台、附加水槽及小吃处等。

图 2-28 半岛式厨房

图 2-29 L 形厨房

单元七

卫生间设计 〈〈〈

知识点 1　卫生间的功能与设备　　　　　　　　　　　　　　ONE

　　卫生间（见图2-30）是具有多种功能的家庭公共空间，又是私密性要求较高的空间，同时，卫生间又兼容一定的家务活动，如洗衣等。室内基本设备有洗脸盆、浴盆、洗衣机、抽水马桶等，但是浴盆、抽水马桶等属于私密性个人行为的设备，安放在一起很不方便，于是出现了干湿分离的两个空间（见图2-31）。由于面积大小的限制，在浴缸或淋浴头旁挂上浴帘成为很多卫生间设置的一道风景线，这样就能保证家庭成员如厕和洗漱同时进行。若卫生间空间较大，则可将洗浴、厕所和洗脸三者彼此独立，互不影响，称为"三式分离"卫生间。（见图2-32和图2-33）

图 2-30　卫生间

图 2-31　干湿分离卫生间

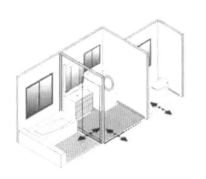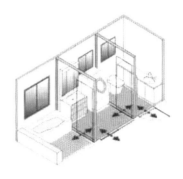

图 2-32　三式分离卫生间设计图

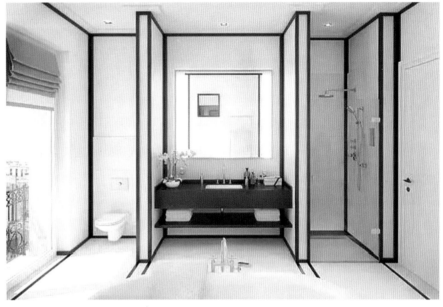

图 2-33　三式分离卫生间实景图

知识点 2　卫生间设计　　　　　　　　　　　TWO

　　通常人们会把卫生间设计成白色，这样显得干净。但是随着社会的发展，一些有品位的业主想让自己的卫生间有特点、美观、大方，这样就需要在装修材料的选择及照明、色彩上做点功夫。卫生间的设计分为如下两个部分。

一、界面设计

　　顶面除了铝扣板等防水性能较好的板材外，现今出现了桑拿板等一些新型面料。桑拿板兴起于桑拿间，属于原木色的板材，多是枫木板，能体现出大自然的气息。

　　墙面可以用一些暖色调，洁具颜色应和它相配。还可以局部墙面用一些马赛克，体现业主的品位。

　　卫生间的色彩与所选洁具的色彩是相互协调的，同时材质也起了很大的作用。通常卫生间的色彩以暖色调为主，材质的变化要利于清洁及考虑防水，可使用石材、面砖、防火板等。在标准较高的场所的卫生间可以使用木质，如枫木、樱桃木、花樟等，还可以通过艺术品和绿化的配合来点缀，以丰富色彩变化。

二、照明设计

　　在镜台上端或两侧应设有明亮灯光，以方便化妆。卫生间是进出较频繁的空间，宜采用明亮的白炽灯。白炽灯应装在壁灯里成为扩散球灯使用，这样使人的脸型看上去更美，同时灯具必须作防潮处理。

单元八

优秀学生作业欣赏 ◀◀◀

南开大学滨海学院艺术系优秀学生作业（见图 2-34 至图 2-42）

图 2-34　08 级学生吴楚作业

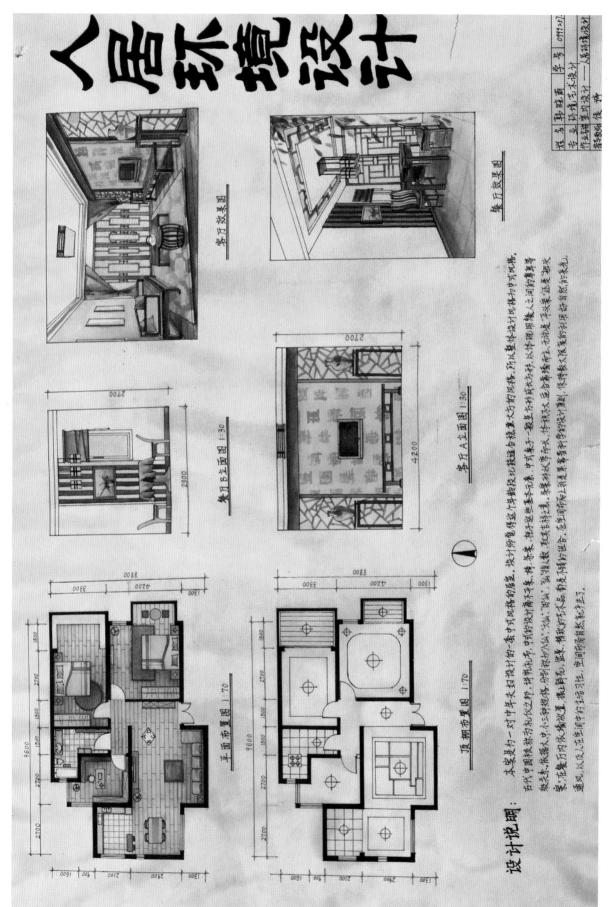

图2-35　09级学生韩晓萌作业（一）

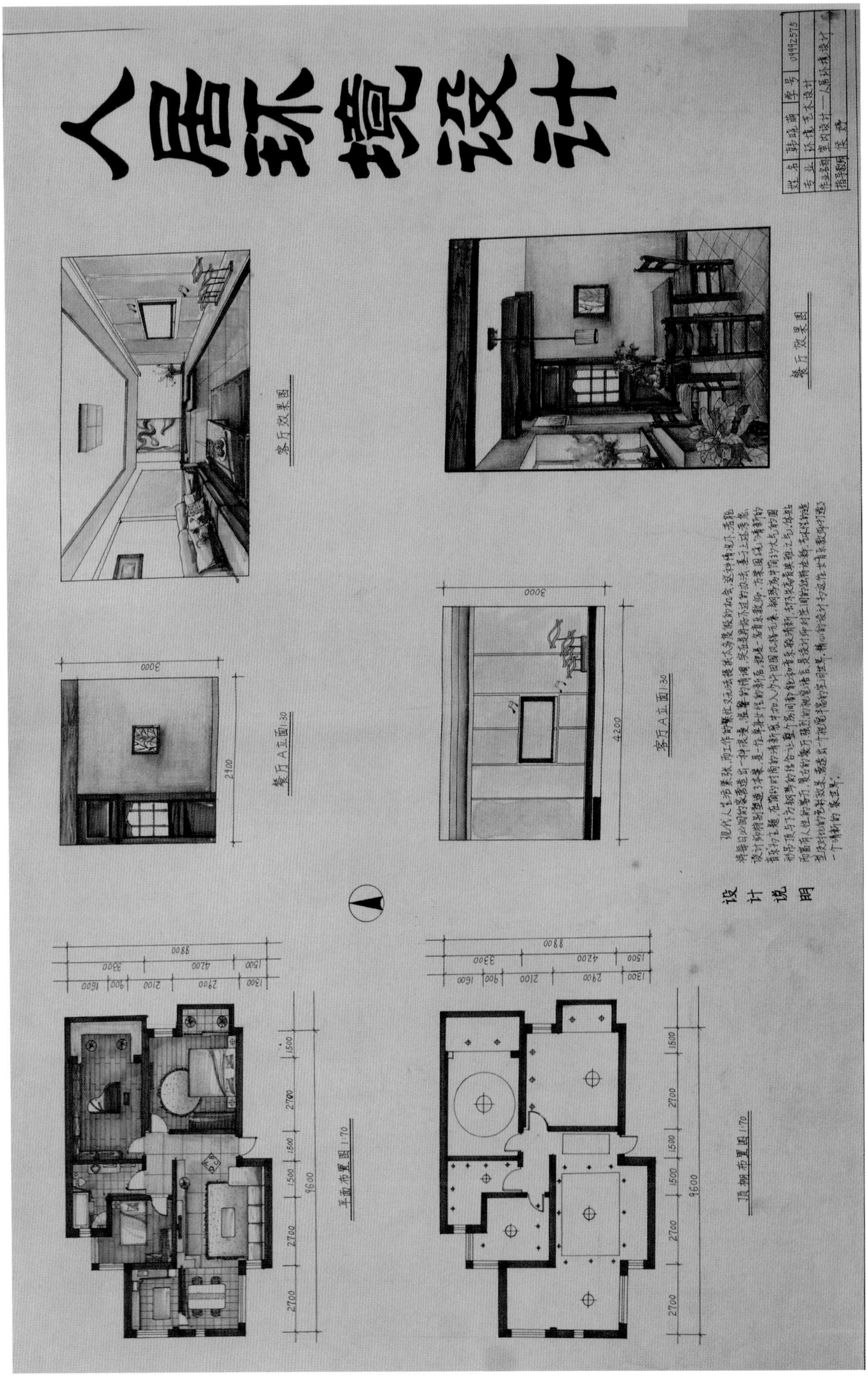

图 2-36　09 级学生韩晓萌作业（二）

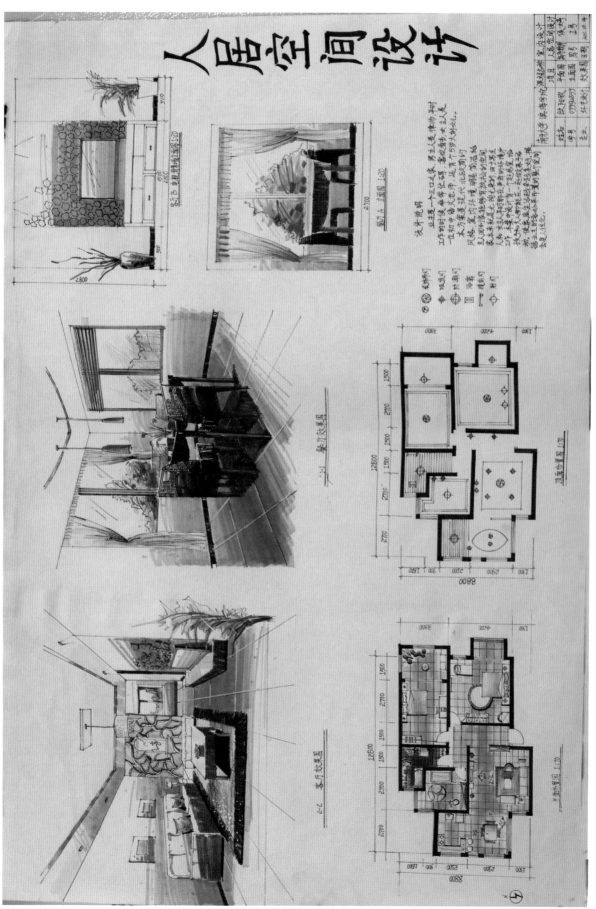

图 2-37　09 级学生欧阳钦作业（一）

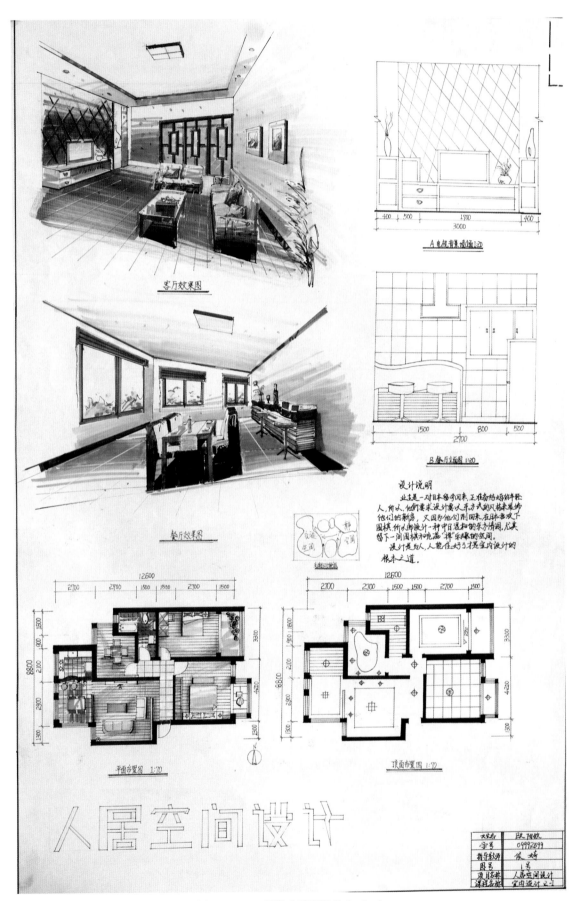

图2-38 09级学生欧阳钦作业（二）

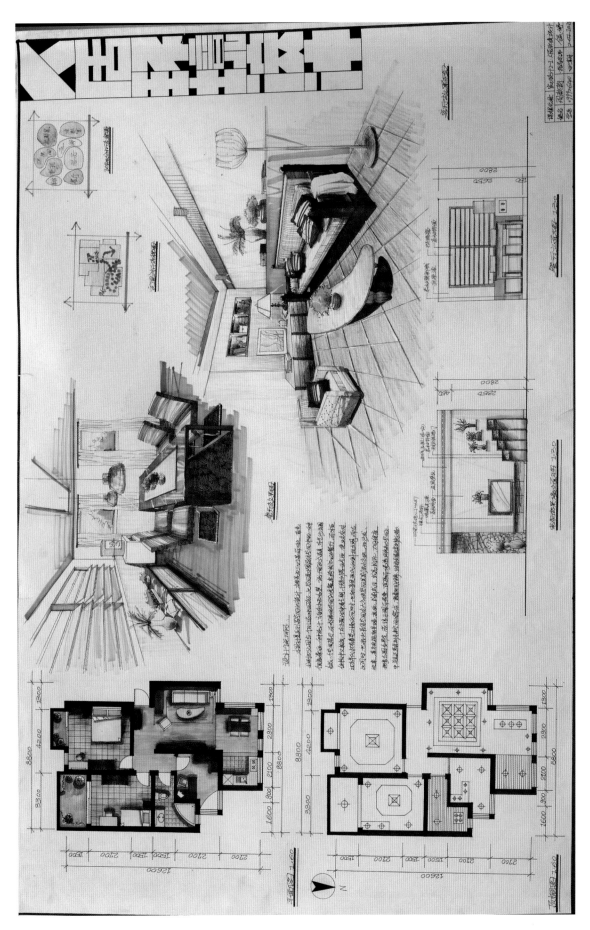

图 2-39　09 级学生周散韵作业

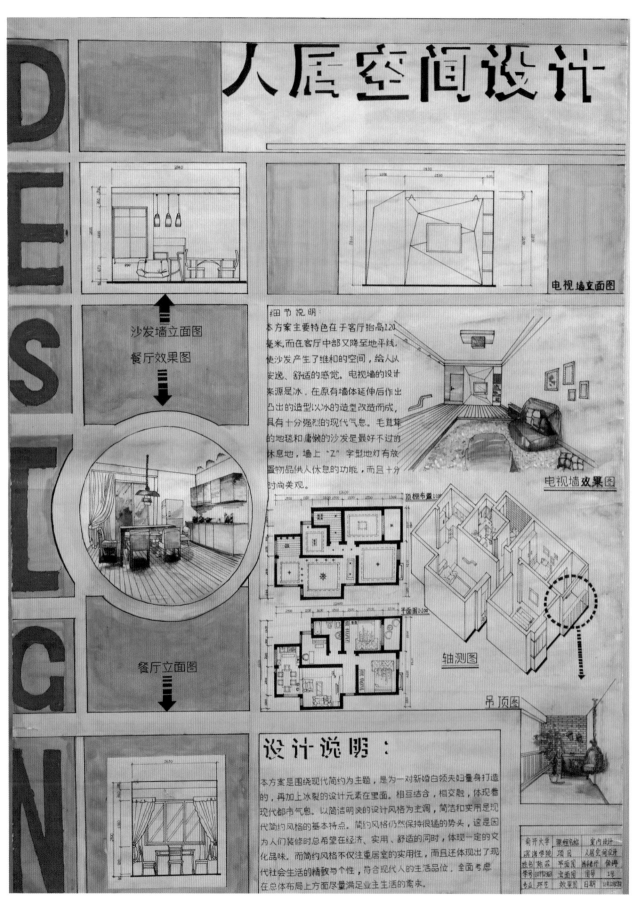

图2-40　10级学生陈菲作业

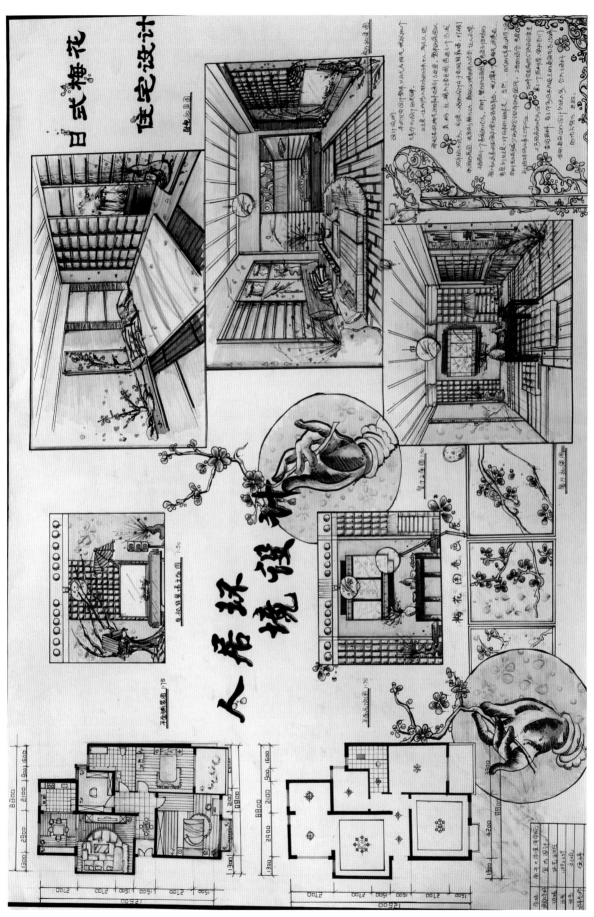

图 2-41　11 级学生刘悦作业

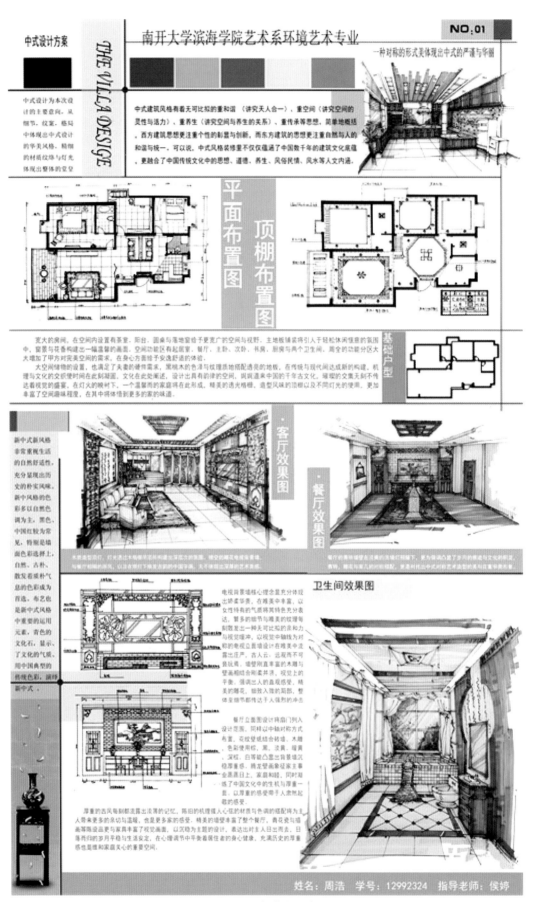

图 2-42　12 级学生周浩作业

项目三
居住空间室内设计课程教学实践.........

SHINEI
SSHEJI
SHILI JIAOCHENG

◀ ◀ ◀ ◀

◀ ◀ ◀ ◀

单元一

住宅空间设计制图 ⟪⟪⟪

住宅项目以南开大学滨海学院环境设计专业 13 级韩露露设计制作的洛卡小镇为案例分析。

一、家居平面图设计

1. 平面图介绍

平面图根据步骤可细分为以下几种:

（1）原始平面框架图（见图 3-1），指未装修前的原始空间。

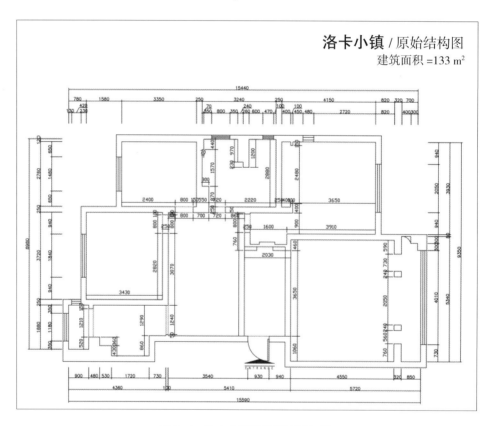

洛卡小镇 / 原始结构图
建筑面积 =133 m²

图 3-1　洛卡小镇原始平面框架图

（2）平面改造图（见图 3-2），指经设计师修改后的平面框架。需标明要拆除的墙体的尺寸和新建墙的尺寸。

（3）平面尺寸图。空间里所有的尺寸均须标注清楚，便于检查。如果拆建墙不是很复杂，亦可与平面改造图合二为一，合称为平面改造尺寸图。

（4）平面布置图（见图 3-3）。它是平面图设计的重心，因为所有要设计的主要内容都在平面布置图上。平面布置图主要解决家庭中各功能区域的合理布局和各功能区的家具安排。

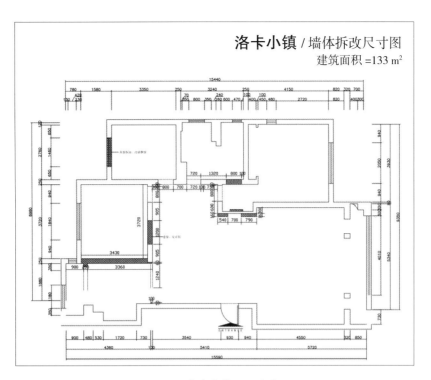

图 3-2 洛卡小镇平面改造图

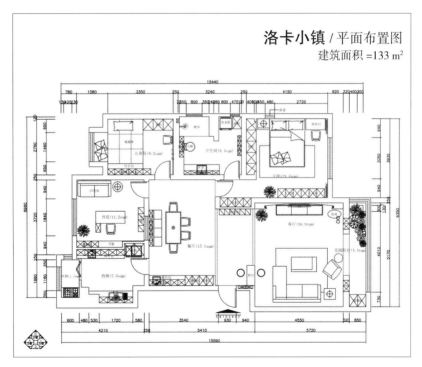

图 3-3 洛卡小镇平面布置图

（5）地坪图（见图 3-4）。在家居设计中，一般地面材料和铺设不会太烦琐，可将其直接并在平面布置图中。玄关和过道的地面如果要做拼花，可另用详图绘制。但如果是跃层和别墅，最好另外绘制详细的地坪图。

每个家庭都有自己独特的要求：有的除了满足日常生活的需求外，还要考虑照顾老人与小孩的问题，须另设保姆房；有的为了满足自己对音乐的特殊爱好，须增添娱乐视听的区域；有的在有限的空间中，须划分出一定的空间作为更衣室……所有这些都须在平面图上予以安排与考虑。

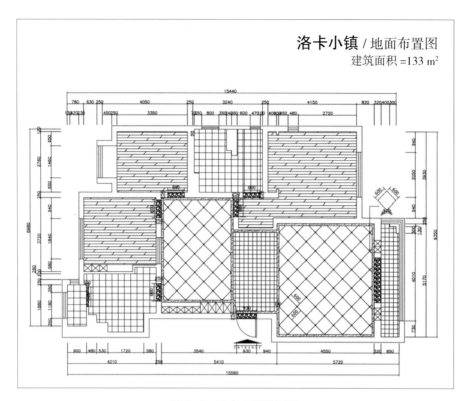

图 3-4　洛卡小镇地坪图

2. 平面功能分区

洛卡小镇的平面功能分区如图 3-5 所示。

图 3-5　洛卡小镇平面功能分区

二、家居顶棚图设计

1. 顶棚图介绍

顶棚图主要表现各功能区域天花的造型和灯光的分布。顶棚的造型是根据各功能区域的设计风格决定的，在视觉上会影响整体的艺术效果。原则上，顶棚在遮蔽建筑梁、线路、管道的前提下，尽量提升地面与天花顶面之间的高度，以增大天花顶部的空间面积。图3-6所示为洛卡小镇的顶棚图。

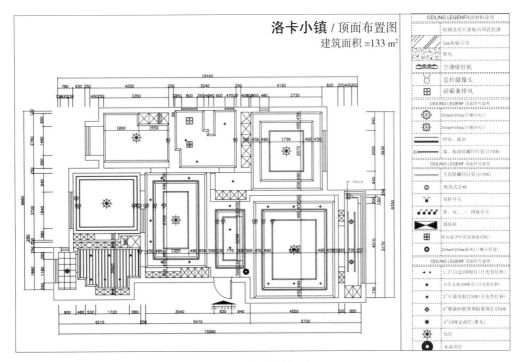

图3-6　洛卡小镇顶棚图

2. 顶棚结构设计与材料选用

家居设计的顶棚结构不需要设计得太复杂，干净清爽，易于打理即可。常见的顶棚使用材料有以下几种。

（1）木龙骨＋纸面石膏板吊顶。根据施工方法和步骤，木龙骨＋纸面石膏板吊顶顶棚有两种铺设方式：

a. 整个顶面大面积铺设，下吊100 mm，一般原顶标高2.8 m，纸面石膏板吊顶标高2.7 m。

b. 部分顶面做造型，下吊可为200 mm、300 mm、400 mm，根据设计将纸面石膏板裁切成各种直线或曲线造型，注意曲线造型要流畅、简洁。

（2）铝扣板吊顶。铝扣板有条扣（见图3-7）（尺寸宽度为100 mm或200 mm）和方扣（见图3-8）（尺寸为600 mm×600 mm或300 mm×300 mm）两种，适用于厨房、卫生间等，一般下吊400 mm左右。

图3-7　条扣吊顶

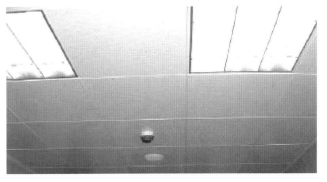

图3-8　方扣吊顶

3.顶棚图灯具标注

常用家居设计灯具标如图3-9所示。

✦	石英射灯	⊕	室内吸顶灯	▭	镜前灯
◈	圆形筒灯	⊕	室外防震灯	◎	艺术吊灯
▣	方形筒灯-1	▦	浴霸	✿	艺术大吊灯
▥	方形筒灯-2	▨	排风扇	────	暗藏灯带
▦	防潮吸顶灯	⊠	壁灯	══════	日光灯

图3-9　常用家居设计灯具标图例

三、家居立面图设计

1.立面图介绍

立面图是空间设计的细部交代，以图纸形式最多。立面图是为表达室内每一个功能区域空间中4个方位的立面装饰效果，包括家具的造型和布局、天棚与地面的材料与特点。

立面图上应尽量显示室内的装修风格，色彩效果，材料的质地，橱柜、陈列架等的式样与布局，开关、插座、龙头、排气扇等设备的安置，墙上装饰物品的位置与造型等。

2.立面图绘制

立面图的绘制方法如下：

（1）截取需绘制的立面所对应的平面图部分和顶棚图部分；

（2）绘制辅助线；

（3）根据层高，用粗实线绘制顶棚线和地面线；

（4）根据截取部分，用粗实线绘制两边的墙体线；

（5）根据截取部分的物件位置，用中实线详细绘制立面设计图；

（6）用细实线标注尺寸；

（7）标注材料与施工工艺；

（8）标注图名和比例；

（9）绘制剖面详图。

图3-10所示为洛卡小镇厅前立面图的绘制

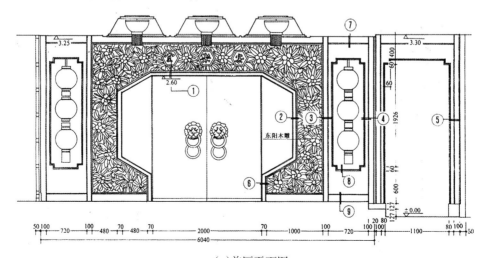

（a）前厅平面图

图3-10　洛卡小镇前厅立面图的绘制

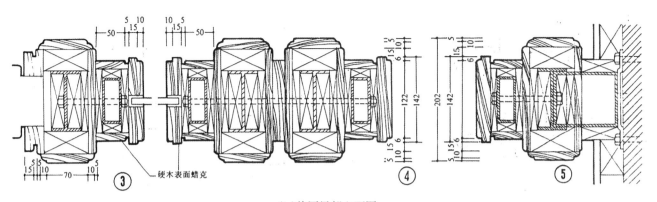

③　硬木表面蜡克　　　④　　　⑤

(b)前厅局部立面图

续图 3-10

四、家居效果图设计

1. 手绘表现效果图

洛卡小镇手绘表现效果图如图 3-11 至图 3-14 所示。

图 3-11　卫生间彩铅表现效果图

图 3-12　餐厅水彩表现效果图

图 3-13　卧室水粉表现效果图

图 3-14　客厅马克笔表现效果图

2. 机绘表现效果图

洛卡小镇机绘表现效果图如图 3-15 至图 3-19 所示。

图 3-15　洛卡小镇客厅效果图　　　　　　图 3-16　洛卡小镇卧室效果图

图 3-17　洛卡小镇餐厅效果图

图 3-18　洛卡小镇儿童房效果图　　　　　图 3-19　洛卡小镇厨房效果图

五、软装配饰意向图

洛卡小镇软装配饰意向图如图 3-20 至图 3-24 所示。

图 3-20 洛卡小镇客厅家具意向图（一）

图 3-21 洛卡小镇客厅家具意向图（二）

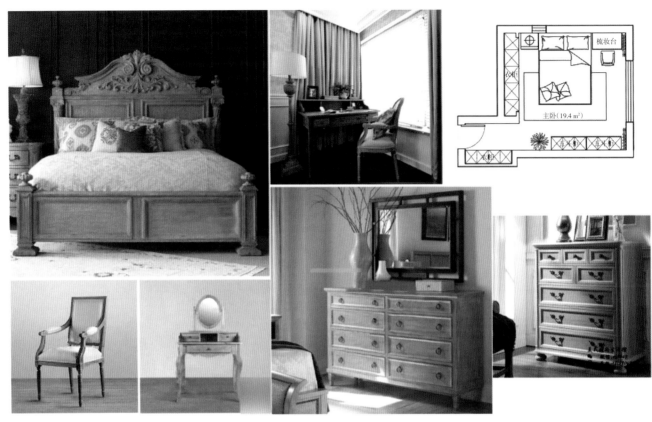

图 3-22　洛卡小镇主卧家具意向图

图 3-23　洛卡小镇儿童房家具意向图

图 3-24　洛卡小镇书房家具意向图

单元二

居住空间室内设计课程 «« 的创新教学方法

一、课程描述

居住空间室内设计课程是艺术类环境设计专业必修的核心课程，本课程主要讲述室内设计的要素和原理，生活空间设计的原则、设计方法和设计程序。本课程既有很高的艺术性的要求，其涉及的设计、内容又有很高的技术含量，是一门技术与艺术相结合的课程。

本课程主要目的是加深学生对室内空间组合和空间形态的理解，并培养学生运用设计原理进行居住空间室内设计的能力，让学生掌握各类居住空间设计的技巧，提高学生的构思设计能力，开拓学生的设计思维，增强学生的整体方案设计和绘图表现能力，为今后从事室内设计工作打下基础。

二、特色教学方法

1. 基础知识构建部分

将居住空间室内设计课程的基础知识内容分解成空间分割、动线设计、软装设计三大知识点进行分层分段式讲解，三大知识点为递进式的形态，将课程内容细化、分解，突出教学实效，使学生更好地理解掌握所学知识。为达到灵活运用的目的，本课程配合三个知识点分别布置如下的相关训练作业。

1）空间功能分割训练

训练要求：学生根据教师所给的业主信息（3~5个），在平面图上灵活布置空间；空间功能要与信息有所对应，达到业主要求，并给出其平面图绘制功能分析图。

图3-25至图3-29所示为空间功能分割训练中优秀学生作业。

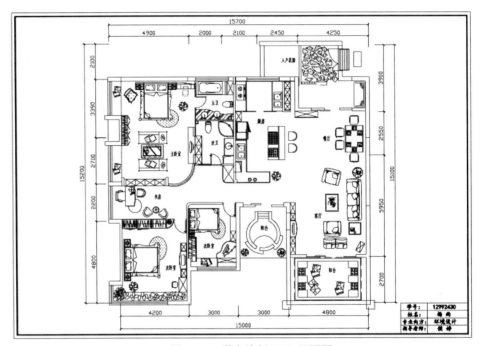

图3-25　学生绘制CAD平面图

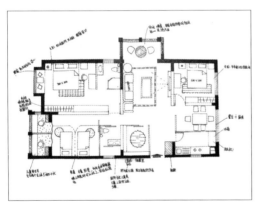

图3-26　学生手绘平面图

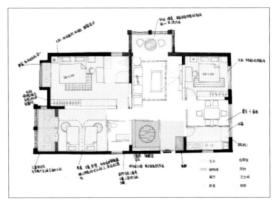

图3-27　平面功能分区图

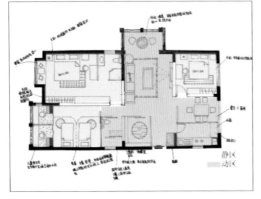

图3-28　动静分区图

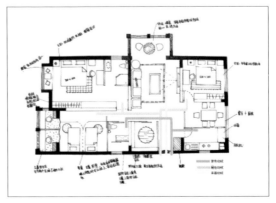

图3-29　空间动线图

2）动线训练

训练要求：学生根据教师所给平面图（6~9 个）把居住空间的三个主要动线（居住、来客、家务）分别用不同颜色的线表示出来。

图 3-30 所示为动线训练中优秀学生作业。

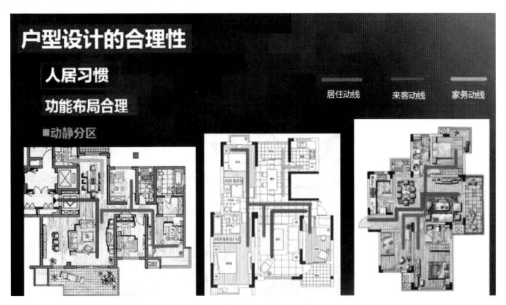

图 3-30　学生绘制平面图动线图

3）软装设计训练

训练要求：学生按要求查找居住空间室内设计不同风格的电子图片，利用 Photoshop 软件自行搭配室内功能空间的软装饰，训练学生对整体空间风格的把握及色彩搭配的能力。

图 3-31 所示为软装设计训练中优秀学生作业。

图 3-31　软装设计图

　　本课程通过设计方案讲练结合教学方法将优秀实际案例引入教材、教学体系中，使每个重要知识点均与实际应用结合起来，融创新思维培养、团队学习方式、实践案例教学于课程教学中。在教学过程中教师对学生一对一的辅导，针对不同学生的问题进行解答。

　　同时，利用信息技术与课程内容相融合，教师筛选出优秀的手机 APP，其中一手机 APP 界面如图 3-32 所示。课下学生可通过该手机 APP 完成教师布置的课外拓展训练作业，学生可自选"空房间"进行创新室内设计，也可选择"3D 设计流"中优秀设计师的作品进行二次改造，应用库中有大量的品牌软装 3D 模型可供挑选摆放，并可根据需要自行选择墙面、顶面、地面的材质与颜色。该应用不仅拓展了学生的专业视野，还使学生对基础知识有更深层次的理解与运用。图 3-33 至图 3-37 所示为学生使用该手机 APP 设计制作的作品。

图 3-32　手机 APP 界面

图 3-33　学生设计制作作品（一）

图 3-34　学生设计制作作品（二）

图 3-35　学生设计制作作品（三）

图 3-36　学生设计制作作品（四）

图 3-37　学生设计制作作品（五）

2. 能力实训部分构建

　　项目驱动教学——设计类专业本身就是一个实践性非常强的专业。一个只有理论知识而没有实际设计能力的学生是无法在如今激烈的市场竞争中立足的，因此只有在教学中把实际项目通过分解、简化、补充、完善等方法来适应、满足教学要求，从而全面培养学生的实际动手能力。

　　设计现场体验教学——在教学过程中有计划地安排学生到校企合作公司提供的项目实地参观学习、实地测量、绘图，把课堂从学校搬进工地，在实地训练中应用理论知识，围绕实际课题开展有针对性的理论教学。同时，公司委派优秀设计师现场讲解材料及施工工艺，利用实际工地的学习环境，激发学生学习专业知识与技能的动力，启发学生对专业理论认知的兴趣，取得明显的教学效果。

实地调研教学——教师带领学生进行课外实践教学，参观家具卖场与建筑装饰材料市场，现场教学并布置调研报告。这样可使学生对空间设计及工程实际有更加直观的认识和了解。

三、实训项目课题设计

1. 设计要求

选取真实户型平面图进行居住空间室内设计，根据业主信息——家庭情况、年龄、职业、文化背景、兴趣爱好等设计室内空间，要求设计出功能布局合理、风格设计符合要求的一整套方案并通过图纸表现。设计的具体步骤如下。

（1）对实际场地进行测量、调研业主需求及居住情况，

（2）根据需求完成风格定位及理念提取，

（3）完成图纸绘制表现，

（4）完成软装设计明细。

2. 优秀学生作业

图 3-38 至图 3-56 所示为南开大学滨海学院艺术系环境设计 12 级学生刘梦雨、王露、胡昕设计的东方纽蓝地官邸别墅。图 3-57 和图 3-58 所示为塔娜和金凡钰对其出生地的改造设计。

图 3-38 东方纽蓝地官邸别墅设计（一）

图 3-39 东方纽蓝地官邸别墅设计（二）

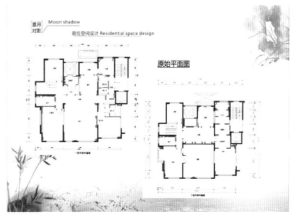

图 3-40 东方纽蓝地官邸别墅设计（三）

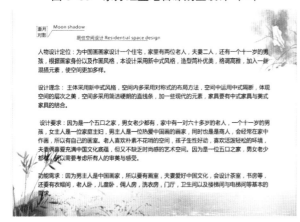

图 3-41 东方纽蓝地官邸别墅设计（四）

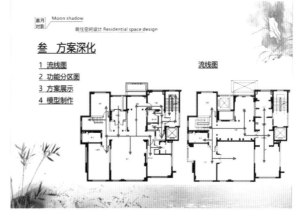

图 3-42 东方纽蓝地官邸别墅设计（五）

图 3-43　东方纽蓝地官邸别墅设计（六）

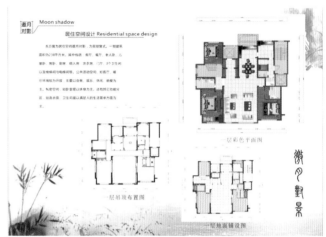

图 3-44　东方纽蓝地官邸别墅设计（七）

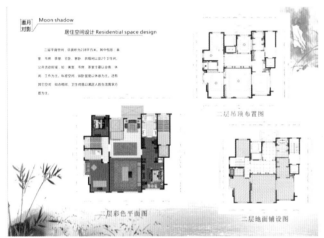

图 3-45　东方纽蓝地官邸别墅设计（八）

图 3-46　东方纽蓝地官邸别墅设计（九）

图 3-47　东方纽蓝地官邸别墅设计（十）

图 3-48　东方纽蓝地官邸别墅设计（十一）

图 3-49　东方纽蓝地官邸别墅设计（十二）

图 3-50　东方纽蓝地官邸别墅设计（十三）

图 3-51　东方纽蓝地官邸别墅设计（十四）

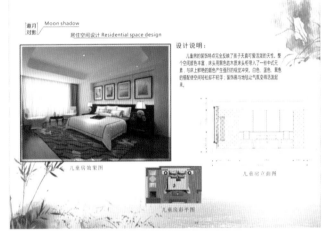

图 3-52　东方纽蓝地官邸别墅设计（十五）

图 3-53　东方纽蓝地官邸别墅设计（十六）

图 3-54　东方纽蓝地官邸别墅设计（十七）

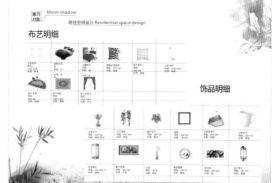

图 3-55　东方纽蓝地官邸别墅设计（十八）　　　图 3-56　东方纽蓝地官邸别墅设计（十九）

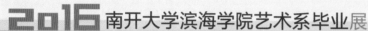

2016 南开大学滨海学院艺术系毕业展　　环境设计
Art Department Graduation Exhibition of NanKai university Binhai College

项目背景

案例是作者的出生地。作者在这里度过无忧无虑的童年，对这里充满着感情。爷爷奶奶和姑姑也一直居住在这里。爷爷奶奶随着年龄的增长，生活上开始需要有人来帮助与照顾。姑姑承担起照顾爷爷奶奶生活起居的重任。但是由于房子的面积小和空间不合理而让姑姑并没个人空间。节假日聚餐空间狭小，无其他家人过夜的地方。所以作者秉持着对儿时在这的生活的美好回忆和对爷爷奶奶姑姑现有生活居住条件的不满足。所以决定把自家的院子里的自建房和楼房进行空间改造来满足所需的生活居住条件。

设计说明　本次室内软装改造要满足两代人的不同生活方式和审美情趣。使居住者既要有各自互不打扰的生活、娱乐模式，又要有一起相处的和谐模式。基于老年人心里特征、生活方式等因素，加入了必要的无障碍设施和当地传统生活方式，以现代中式风格为主基调，融入了当地东北特色的混搭风格。现代中式风格古朴典雅，有着深厚的文化内涵，其追求的是一种修身养性的生活方式，适合老年人居家养老的生活模式。

灵感来源

融入当地特有的东北风格则体现了对地域特色文化的传承。随着现代社会城市化的飞速发展一些传统的生活方式和文化渐渐被人们摒弃。这对于特色文化的发展产生了不利影响。所以本次改造中将当地特色元素的融入既能满足老年人怀旧的情绪又能继承和发展传统文化的优良之处。

平面图

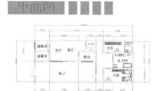

1.抛光砖称为地砖之王。是通体砖坯体的表面经过打磨而成的一种光亮的砖。抛光砖坯体硬耐磨。抛光砖表面要光洁得多。2.卫生间地板取材于100%的柚木。属于纯实木。因为密度高，水分不易渗入。再加上地板表面经过了保养油的特殊处理。因此，即使地板表面沾满了水汽后没有及时擦干，地板的品质也不会受到影响。3.通体广场砖仿天然花岗岩石或紫砂岩石。花纹肌理自然。质感古朴厚实。综合物理性能卓越。耐磨性好。抗折强度高。表面粗犷、防滑。

动线图

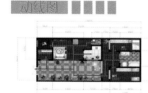

基于老年人身体柔韧性和灵活度下降的因素。家具高度要适宜。那些用一些过高的柜子则需要深蹲才能拉开的抽屉。老年人使用的椅子带靠背和扶手则可以支撑身体、防止摔倒。还能带来一定的心里安全感。

平面布置图

客厅的沙发、座椅与木凳的组合满足了不同人群的需求。木凳位于过道的位置，方便临时小坐。对于身体灵活度下降的老年人来说。较高的木凳在下坐起身时对关节的活动较少。放于过道处利于频繁起坐。靠墙一侧的椅子因其带有靠背和扶手。老年人使用时既可以更好的支撑身体还能起到一定的心理安全感。

姓名：塔娜 金凡钰　学号：12992403 12992358　指导教师：侯婷　2016.5

图 3-57　出生地改造设计（一）

2016 南开大学滨海学院艺术系毕业展
Art Department Graduation Exhibition of NanKai university Binhai College

环境设计

考虑到使用者是中老年人，室内所有家具选用的都是木质材质。原木天然的纹理与古朴的色调营造空间氛围，温馨的氛围、雅致的范围，不同的是老人房中的书桌与衣柜选择了色彩明度和纯度都低的那色调。营造出温馨、沉稳的气氛，有利于缓解老年人缺乏安全感和易孤独的心里特征。

女儿房间的衣柜与梳妆台选用了较浅的米黄色。时尚却又不失木质的厚重感。柔美的配色与简洁的线条体现出了女性爱美的特质。

作为装饰品的主要部分，老旧物品改造翻新后分布于室内各个空间中。传统风格浓厚的粗细米色内用了大量翻新旧物。将印有当地传统花样的旧布单重新改造设计为抱枕。而当年的旧年画海报返装裱后作为墙壁装饰画使用。窗户上贴着户主女儿亲手做的剪纸。在这样这样一个具有浓厚东北农村风格的活动室中。想约三五老友聊天放旧别有一番趣味。

本方案根据老年人的生理状况及心里需求将传统地域特色与现代设计合理融合。具体的说，本方案以老年人的需求为出发点。根据老年人怀旧的情结以及勤俭节约的生活态度设计了一系列旧物改造再利用的器物物品，以及还原再现了当地传统生活方式和文化特色。如：厨房除了厨柜特别增加了一个老式灶台。传统生活方式的融入使整个空间别具一格。根据老年人身体素质的状况设计了一系列无障碍设施及保护措施。体现了以人为本的设计理念。总体装来讲。在本方案的设计过程中，更加深刻的理解了软装设计以人为本的重要性，以及发掘当地传统生活习俗的意义。通过老年人怀旧的情节弘扬和传承当地特色文化的优良之处。是本次设计的意义所在。

姓名：塔娜 金凡钰 学号：12992403 12992358 指导教师：侯婷 2016.5

图例	品牌/品名	放置区域	数量	单价		品名	区域	数量	单价		品名	区域	数量	单价
	泽润木业/原木书桌	主卧	1个	800		宜家家居/塔瓦床架	主卧	2个	590		木工定制/抽拉式餐桌	餐厅	1个	1800
	潘多拉/中式椅子	客厅	1把	980		月阁家饰/棉麻窗帘	主卧次卧客厅	3套	230		曲美家居/简约梳妆台	次卧	1个	843
	古居/实木矮凳	客厅	2个	225		宜家家居/马弗斯硬型床垫	主卧	2个	999		皇家太阳/中式实木吸顶灯	榻榻米	1个	388
	东西合意/新中式沙发	客厅	1张	2490		博洋家纺/简约四件套	主卧	1套	298		迈克罗伊/羊毛地毯	客厅	1张	588
	圣卡纳/实木衣柜	次卧	1个	2280		博洋家纺/全棉特色四件套	次卧	1套	399		四季家园/中式吸顶灯	主卧	1个	399
	古居/香樟木衣柜	主卧	1个	3375		宜家家居/露迪抽油烟机	厨房	1个	2999		CH灯具/创意吸顶灯	客厅	1个	306
	麒麟家居/实木双人床	次卧	1个	610		心海伽蓝/全铜花洒套装	主卫	1个	668		合计			29715
	心海伽蓝/橡木浴室柜	主卫	1个	999		心海伽蓝/虹吸坐便器	次卫	1个	699					
	心海伽蓝/静音坐便器	主卫	1个	799		心海伽蓝/简约浴室柜	次卫	1个	1099					
						安居馨/实木餐椅	餐厅	10把	228					

报价明细单

图3-58 出生地改造设计（二）

项目四

住宅空间室内项目案例分析

SHINEI

SHEJI

SHILI JIAOCHENG

案例一

天津滨海新区润泽园别墅设计 ◀◀◀

案例来源：天津唯梵设计事务所。

案例风格：中式风格。

面积范围：别墅一层 102 平方米。

设计师：周亮亮。

设计师助理：许虎（南开大学滨海学院 13 级学生）。

1. 风格解析

中国传统室内装饰讲究气势恢宏、壮丽华贵、雕梁画栋、精雕细琢。本设计通过传统的古典装饰元素营造出一种文化氛围，将中国传统元素的吉祥图案、红木装饰、古典画、青花瓷、紫砂壶、红木家具等运用到装饰设计中，静中有动，意境无限。整体风格以其优雅、古色古香的文化氛围而大放异彩，散发着无价的艺术气息，成为高尚品位的象征。

2. 业主信息

性别：男。年龄：45 岁。职业：某公司经理。

家庭情况：夫妻二人，育有一子，并与其父母同住。

兴趣爱好：喜欢中国传统文化，收藏画作、饰品。

3. 改造前实景照片

本案业主是一个成功的企业人士，在做设计之前，设计师已用了比较多的时间去和业主沟通和探讨对生活的理解。委托项目要求对一层公共空间及其父母卧室、卫生间的改造，业主希望营造一种典雅、稳重又不失时尚的空间氛围。改造前如图 4-1 至图 4-3 所示，屋内没有整体风格可言，摆设杂乱，墙面没有造型。依照业主需求和设计师的匠心独具，最终圆满完成了散发着古典气息的中式风格的别墅空间。（见图 4-4）

图 4-1　改造前入口

图 4-2　改造前客厅公共区域

图 4-3　改造前电视背景墙

图 4-4　改造后平面布置图

4. 方案改造效果图

改造后的别墅，从玄关到客厅空间设计了一个雕花镂空落地罩，隔而不断，很好地分割了两个空间。（见图 4-5）背景色为暖色，主体色为原木色，整体氛围稳重典雅。（见图 4-6）

图 4-5　客厅效果图（一）

图 4-6　客厅效果图（二）

卧室与卫生间的点缀色彩选用了与黄色形成对比色的钻蓝色，稳重中又多了一份轻快时尚。（见图 4-7 和图 4-8）

图 4-7　父母卧室效果图

图 4-8　卫生间效果图

5. 施工过程实景照片（见图 4–9 至图 4–12）

图 4–9　电视墙施工照片（一）

图 4–10　电视墙施工照片（二）

图 4–11　电视墙施工照片（三）

图 4–12　客厅顶面施工照片

6. 方案施工后实景照片（见图 4–13 至图 4–20）

图 4–13　客厅改造后照片（一）

图 4–14　客厅改造后照片（二）

图 4-15 客厅改造后照片（三）

图 4-16 客厅改造后照片（四）

图 4-17 客厅顶面改造后照片

图 4-18 过道顶面改造后照片

图 4-19 玄关落地罩照片

图 4-20 软装配饰细节照片

> **案例二**

天津格兰苑住宅设计 《《《

案例来源： 天津唯梵设计事务所。

案例风格： 美式复古工业风。

面积范围： 45 平方米。

设计师： 周亮亮。

设计师助理： 李孜超（南开大学滨海学院 13 级学生）。

1. 风格解析

工业风格是近年来室内装修设计中一股颇受追捧的风潮。它起源于将废旧的工业厂房或仓库改建成带居住功能的艺术家工作室，这种宽敞开放的 LOFT 房子的内部装修往往保留了原有工厂的部分风貌，如裸露的墙砖、质朴的木质横梁，以及暴露的金属管道等产业痕迹。逐渐地，这类有着复古和颓废艺术范儿的格调成为一种风格，散发着硬朗的旧工业气息。工业风格住宅材质上主要使用皮革、原木（即未经加工的木头）、黑色生铁等，这些是工业风的必备。

据美国工业协会相关文献的描述，美式工业风格起源于 19 世纪末的欧洲，即巴黎地标埃菲尔铁塔被造出的年代。很多早期工业风格家具，正是以埃菲尔铁塔为变体所造，它们的共同特征是都是金属集合物，还有焊接点、铆钉这些公然暴露在外的结构组件。当然，更现代的设计又融进了更多装饰性的曲线。

2. 业主信息

性别：女。年龄：30 岁左右。职业：自由职业。

家庭情况：独居，偶有朋友聚会。

兴趣爱好：对工业风格的室内及家具饰品十分喜爱，喜欢新颖独特彰显个性的事物。

3. 方案平面布置图

原本客厅区域一侧为封闭的厨房区域，设计师将原始的墙面拆除，做成开放式厨房吧台，使空间得以释放。进门玄关的区域分隔出适合聊天、喝咖啡的多元素、多功能空间，给人一种历史的怀旧感。（见图 4-21）

4. 方案效果图

客厅内整张的仿动物皮的地毯、墙上的动物头骨都是美式风格的特点。整个空间中除了以原木色为主色调外，还加入了很多高纯度的色彩，如黄色、红色、绿色。而轨道射灯、做旧的木拼条、旧铁皮边柜、大胆的装饰画及丰富的软装配饰，无一不透露着复古的工业风味，给以一种热情的怀旧风，凸显了业主的个性特征。（见图 4-22 至图 4-27）

本案中比较有特点的还有卧室门，它是由纯度很高的黄色门板制作成仓库的推拉式门，新颖独特，充满浓浓的工业气息。

图 4-21　改造后的平面布置图

图 4-22　改造后效果图（一）

图 4-23　改造后效果图（二）

图 4-24　改造后效果图（三）

图 4-25　改造后效果图（四）

图 4-26　改造后效果图（五）

图 4-26　改造后效果图（六）

案例三

天津滨海新区远洋花园公寓设计 ◀◀◀◀

案例来源：天津唯梵设计事务所。

案例风格：现代简约风格。

面积范围：120 平方米。

设计师：周亮亮。

设计师助理：李修辉、闫富强。（南开大学滨海学院 14 级学生）

1. 风格解析

简约主义源于 20 世纪初期的西方现代主义。顾名思义，简约风格是简化了一些材料元素，从而达到一个简洁、美观的效果，但它不是简单的堆砌和平淡的摆放，而是经过深思熟虑后得出的设计和思路的延伸。这种风格设计很适合现今快节奏的社会需求。

简约并不是缺乏设计要素，它是一种更高层次的创作境界。在室内设计方面，它不是指放弃原有建筑空间的规矩和朴实，对建筑载体进行任意装饰，而是指在设计上更加强调功能，强调结构和形式的完整，追求材料、技术、空间的表现深度与精确。用简约的手法进行室内创造，更需要设计师具有较高的设计素养与实践经验，需要设计师深入生活、反复思考、仔细推敲、精心提炼，运用最少的设计语言，表达出最深的设计内涵。在满足功能需要的前提下，以色彩的高度凝练和造型的极度简洁，将空间、人及物进行合理精致的组合，用最洗练的笔触，描绘出最丰富动人的空间效果，这是设计艺术的最高境界。

2. 业主信息

性别：男。年龄：36 岁左右。职业：企业部门主管。

家庭情况：夫妻二人，育有一女，并与其父母同住。

兴趣爱好：性格内敛，有自己独特的审美品位，对细节要求较高，希望在有限的空间里有自己独立的房间。

3. 方案平面布置图（见图4-28）

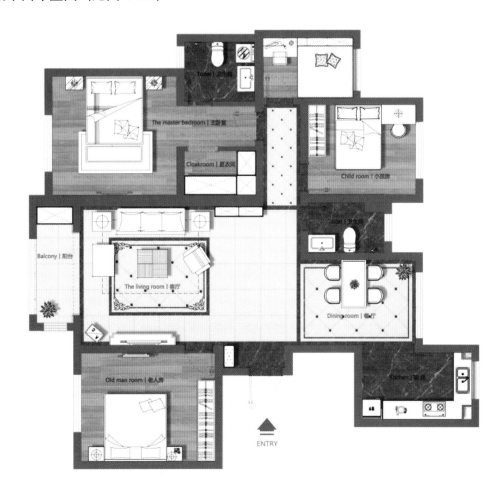

图4-28　方案平面布置图

4. 方案效果图（见图4-29至图4-32）

图4-29　方案效果图（一）

图4-30　方案效果图（二）

图 4-31　方案效果图（三）　　　　　　图 4-32　方案效果图（四）

5. 方案施工后效果（见图 4-33 至图 4-36）

图 4-33　方案施工后效果（一）　　　　　　图 4-34　方案施工后效果（二）

图 4-35　方案施工后效果（三）　　　　　　图 4-36　方案施工后效果（四）

　　设计师巧妙地把卧室门隐藏起来与电视背景墙在视觉上融为一体，保证了空间的整体性与连续性，更加美观实用。（见图 4-37 至图 4-39）

图 4-37　卧室隐形门关闭照片

图 4-38　卧室隐形门打开照片（一）

图 4-39　卧室隐形门打开照片（二）

案例四

天津津南区博雅花园
住宅空间设计

案例来源： 天津唯梵设计事务所。

案例风格： 美式乡村风格。

面积范围： 131 平方米。

设计师： 周亮亮。

1. 风格解析

美式乡村风格又被称为美式田园风格，属于自然风格的一支，倡导"回归自然"。田园风格在美学上推崇自然，结合自然，在室内环境中力求表现悠闲、舒畅、自然的田园生活情趣，常运用天然的木、石、藤、竹等材质质朴的纹理，并巧妙设置室内绿化，来创造自然、简朴、高雅的氛围。

美式乡村风格是宽敞而富有历史气息的。摒弃烦琐和豪华，并将不同风格中的优秀元素汇集融合，以舒适为导向，强调回归自然，使这种风格变得舒适、轻松。布艺是乡村风格中非常重要的运用元素，本色的棉麻是主流，布艺的天然感与乡村风格能很好地协调。各种繁复的花卉植物、靓丽的异域风情和鲜活的鸟虫鱼图案很受欢迎，令人舒适和随意。美式乡村风格突出了生活的舒适和自由，不论是笨重感的家具，还是带有岁月沧桑的配饰，都在告诉人们这一点。特别是在墙面色彩的选择上，自然、怀旧、散发着浓郁泥土芬芳的色彩是美式乡村风格的典型特征。美式乡村风格的色彩以自然色调为主，绿色、土褐色最为常见，家具颜色多仿旧漆，式样厚重，设计中多用地中海样式的拱。

2. 业主信息

性别：女。年龄：34岁。职业：大学教师。

家庭情况：夫妻二人，与父母同住。

兴趣爱好：性格外向，有自己独特的审美品位，对细节要求较高。

3. 改造前空间（见图 4-40 和图 4-41）

图 4-40 改造前空间(一)

图 4-41 改造前空间(二)

4. 平面分区图和立面图（见图 4-42 至图 4-44）

5. 最初方案

经过沟通交流发现，业主表现出对美式乡村风格的喜爱。因此，设计师在色彩上采用"乡村绿"作为整体空间的背景色，局部点缀搭配以同色系的家具元素。家具颜色以自然木色为主，在形式上进行改良，改变了美式乡村家具的厚重感。入口处设置玄关，并用地中海式的拱门作为隔断，分割出玄关和餐厅空间。在起居室空间设计

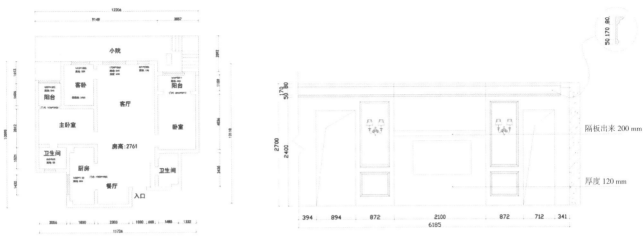

图 4-42　平面分区图　　　　　　　　　　　　图 4-43　电视墙立面图(比例 1∶30)

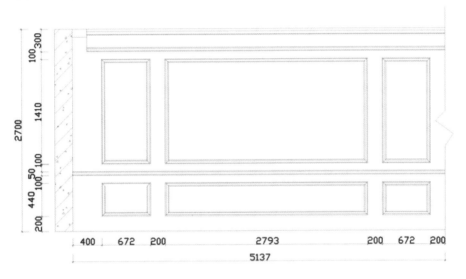

图 4-44　沙发墙立面图(比例 1∶30)

中，因该房间开间比较大，有五米的距离，所以在沙发背景墙上，设计出拱形的书橱，造型和玄关处的拱门呼应，同时，对面的电视背景墙设计以假壁炉效果，烘托出浓郁的美式乡村气息。(见图 4-45 至图 4-50)

图 4-45　最初方案(一)

图 4-46　最初方案(二)

图4-47　最初方案（三）

图4-48　最初方案（四）

图4-49　最初方案（五）

图4-50　最初方案（六）

6. 修改后确定方案

　　业主是一个对细节追求完美的人，经过多次沟通和修改后，确定了最终的方案。该方案在保留美式风格原有特点的基础上，结合现代风格的简洁明快，从空间色彩和造型上进行简化处理。空间的背景色以暖黄色和草绿色为主色调，主题色是深木色和白色，点缀色是蓝色、黄色和绿色。软装配饰以美式风扇吊灯、牛角挂饰、绿植为主，衬托出浓郁的美式乡村风。（见图4-51至图4-56）

图4-51　修改后确定方案（一）

图4-52　修改后确定方案（二）

图 4-53　修改后确定方案（三）

图 4-54　修改后确定方案（四）

图 4-55　修改后确定方案（五）

图 4-56　修改后确定方案（六）

7. 实景图（见图 4-57 至图 4-61）

图 4-57　实景图（一）

图 4-58　实景图（二）

图 4-59　实景图（三）

图 4-60　实景图（四）

图 4-61　实景图（五）

案例五

天津某住宅空间设计 ◀◀◀

案例风格： 简约欧式风格。

面积范围： 别墅一层 110 平方米。

设计师： 耿玉洁（天津轻工职业技术学院环境艺术设计专业 14 级学生）。

1. 风格解析

　　该方案属于简约欧式风格，色彩以浅色为主、深色为辅，优雅、大气，更贴近于自然，让家变得更温馨。相对于拥有浓厚欧洲风味的纯欧式装修风格来说，简约欧式风格更为清新，也更符合中国人内敛的审美观念。

　　该方案起居室空间以浅色家具为主，搭配以格调相同的壁纸、帘幔、地毯等软装饰，有助于突出空间的清新和舒适。该风格吸收了现代风格的优点，简化了线条，凸显简洁美，塑造了尊贵又不失高雅的居家情调。方案中餐厅空间背景采用镜面作为主要装修材料，高贵大气，并从视觉上扩展了餐厅空间。

2. 业主信息

家庭情况：一家三口，有一个 5 岁男孩，偶尔和老人一起住。

职业情况：女主人为公司白领，男主人为公司高管。

兴趣爱好：男主人喜欢摄影，女主人喜欢听音乐，两人都表示向往舒适简单的生活，在风格选择上偏重现代风格的简洁、明快和欧式风格的优雅、华丽的特点。

3. 方案效果图（见图 4-62 至图 4-69）

图 4-62　机绘卧室方案效果图

图 4-63　手绘卧室方案效果图

图 4-64　机绘客厅方案效果图

图 4-65　手绘客厅方案效果图

图 4-66　机绘餐厅方案效果图

图 4-67　手绘餐厅方案效果图

图 4-68　机绘儿童房方案效果图

图 4-69　手绘儿童房方案效果图

[1] 来增祥，陆震玮.室内设计原理（上册）[M].2 版.北京：中国建筑工业出版社，2006.

[2] 邹伟民.室内环境设计[M].重庆：西南师范大学出版社，1998.

[3] 霍维国，霍光.室内设计原理 [M].海口：海南出版社，1996.

[4] 李朝阳.室内空间设计 [M].北京：中国建筑工业出版社，1999.

[5] 张绮曼.室内设计的风格样式与流派 [M].北京：中国建筑工业出版社，2000.

[6] 苏丹.住宅室内设计 [M].3 版.北京：中国建筑工业出版社，2011.